Tasty Food
食在好吃

U0250678

爱健康 ｜ 爱生活

凤凰含章
Phoenix-HanZhang

Tasty Food
食在好吃

好吃到家的
保健菜347例

甘智荣 主编

江苏凤凰科学技术出版社　凤凰含章

图书在版编目（CIP）数据

好吃到家的保健菜347例/甘智荣主编.—南京：
江苏凤凰科学技术出版社，2015.10
（食在好吃系列）
ISBN 978-7-5537-5283-9

Ⅰ.①好… Ⅱ.①甘… Ⅲ.①保健－菜谱 Ⅳ.
① TS972.161

中国版本图书馆 CIP 数据核字 (2015) 第 201704 号

好吃到家的保健菜347例

主　　　编	甘智荣	
责 任 编 辑	樊　明　　葛　昀	
责 任 监 制	曹叶平　　周雅婷	

出 版 发 行	凤凰出版传媒股份有限公司
	江苏凤凰科学技术出版社
出版社地址	南京市湖南路 1 号 A 楼，邮编：210009
出版社网址	http://www.pspress.cn
经　　　销	凤凰出版传媒股份有限公司
印　　　刷	北京旭丰源印刷技术有限公司

开　　　本	718mm×1000mm　1/16
印　　　张	10
插　　　页	4
字　　　数	250千字
版　　　次	2015年10月第1版
印　　　次	2015年10月第1次印刷

标 准 书 号	ISBN 978-7-5537-5283-9
定　　　价	29.80元

　　随着环境污染的不断加重，以及各种食物添加剂的出现，人们越来越感受到身体变得更容易受到病菌的侵害，不管是老年人、青壮年还是儿童，大家的身体素质似乎都在逐步下降。一些上班族一日三餐几乎都在外边吃，还有些人贪恋路边摊的美味，完全忽略了这些美味下面隐藏的危险。

　　有人说营养健康的东西味道总差了些，其实家常菜如果做得好，味道一点也不输餐厅中的菜。一日三餐为我们的身体提供能量，只有抓好这三餐的质量，才能保证身体的健康。外面的饭菜一般都是重油、重盐，偶尔在外面吃还不明显，长期下去，你的身体就会发出抗议的信号。很多上班族都会有胃部问题的困扰，这都是吃饭不按时、食物不卫生等原因造成的。

　　厨房承担着给予家人健康的责任，全家人围坐在一起吃饭，收获的不仅仅是健康，还有一份感动。本书精选的食谱包括了炒菜、粥、汤、羹、茶饮和果汁，满足你和家人方方面面的需要。全书分为四个部分，第一部分为美味保健菜，好吃停不下来；第二部分为保健又养生，就是这么任性；第三部分为变幻无穷，吃出新花样；第四部分为齿颊留香，尽享味觉盛宴。本书中的每个菜谱都详细罗列了制作所需的材料、制作过程，部分菜谱还介绍有功效解析和小贴士，即使是新手也可以按照制作步骤轻松上手。功效解析中说明了食谱所具有的养生功效，还有相关食材的营养分析，你可以根据自己的需要挑选。美味和健康可同时拥有！

目录 Contents

PART 1
美味保健菜，
好吃停不下来

薏米黄瓜拌海蜇	10
黑木耳炒猪肝	10
千层荷兰豆	10
冰糖苹果丁	11
蜜心雪梨	11
香蕉薄饼	11
白果扒草菇	12
芥菜炒毛豆	12
蛤蜊菠菜	13
白术黄芪煮鱼	14

西红柿紫菜蛋花汤	14
海带炖排骨	14
蒜香白及煮鲤鱼	15
四神沙参猪肚汤	15
芡实莲子薏米汤	15
苦瓜排骨汤	16
半夏桔梗薏米汤	16
山药炖猪血	17
益智仁鸭汤	18
马蹄海蜇汤	18
百合绿豆凉薯汤	18
远志菖蒲鸡心汤	19
豆腐冬瓜汤	19
莲子白萝卜汤	19

罗宋汤	20
党参佛手猪心汤	20
党参生鱼汤	21
黄花菜鱼头汤	22
枸杞叶猪肝汤	22
姜橘鲫鱼汤	22
木瓜排骨汤	23
天麻炖乳鸽	23
白果煲猪小肚	23
平菇虾米肉丝汤	24
双豆瘦肉木瓜羹	24
鳗鱼冬瓜汤	25
沙参煲猪肺	25
丝瓜木耳汤	26
生姜鱼头汤	26
菊豆枸杞汤	26
百合玉竹瘦肉汤	27
柠檬红枣炖鲈鱼	27
南瓜虾皮汤	27
丝瓜排骨汤	28
薏米猪肠汤	28
霸王花猪肺汤	29
丝瓜络猪瘦肉汤	30
冬瓜鱼片汤	30
赤小豆薏米汤	30
扁豆猪肺汤	31
白果炖乳鸽	31
猪肺花生汤	31
菊花桔梗雪梨汤	32
鸡蛋银耳浆	32
紫菀款冬猪肺汤	32
牡蛎豆腐羹	33
鱼肉瘦肉粥	33
葱白红枣鸡肉粥	33
桂圆益智仁糯米粥	34
羊肉草果豌豆粥	34
佛手薏米粥	35
牛奶山药麦片粥	35
山药糯米粥	36

石膏葛根粥　　　　36
小米黄豆粥　　　　36
果仁鸡蛋羹　　　　37
果仁粥　　　　　　37
紫米南瓜粥　　　　37
菠萝麦仁粥　　　　38
瘦肉麦仁粥　　　　38
猪腰枸杞粥　　　　39
石决明小米瘦肉粥　39
菠菜玉米枸杞粥　　40
果仁鸡蛋粥　　　　40
冬瓜白果姜粥　　　41
黑米粥　　　　　　41
红枣鱼肉粥　　　　42
香菇燕麦粥　　　　42
鹌鹑五味子陈皮粥　43
决明子粥　　　　　43
赤小豆燕麦牛奶粥　44
鳕鱼蟹味菇粥　　　44
苹果胡萝卜牛奶粥　45
木瓜芝麻羹　　　　45
带鱼萝卜包菜粥　　46
带鱼萝卜木瓜粥　　46
茶树菇鸭汤　　　　47
冬瓜鸡蛋汤　　　　47
三圆汤　　　　　　48
空心菜肉片汤　　　48
石榴梨汁　　　　　49
石榴苹果汁　　　　49
火龙果菠萝汁　　　50
赤小豆香蕉酸奶　　50
甜瓜酸奶汁　　　　51
西瓜橙子汁　　　　51
山楂饮　　　　　　52
天麻钩藤饮　　　　52
黄连甘草饮　　　　53
苍耳辛夷薄荷饮　　53
金银花白芷茶　　　54
丹参黄芪饮　　　　54

PART 2
保健又养生，
就是这么任性

手撕兔肉　　　　　56
凉拌苦瓜　　　　　56
西芹炖南瓜　　　　56
黄芪鲫鱼汤　　　　57
莲子扒冬瓜　　　　57
海带拌土豆丝　　　57
石韦蒸鸭　　　　　58
芹菜拌黄豆　　　　58
凉拌双笋　　　　　59
排骨煲牛蛙　　　　60
西葫芦干贝肉汤　　60
金钱草煲牛蛙　　　60
赤小豆冬瓜排骨汤　61
芡实猪肚汤　　　　61
玉米须鲫鱼煲　　　61
茯苓鸽子煲　　　　62
虫草海马炖鲜鲍　　62
车前草猪肚汤　　　62

姜丝鲈鱼汤　　　　63
党参牛膝汤　　　　63
车前子田螺汤　　　63
女贞子鸭汤　　　　64
海螵蛸鱿鱼汤　　　64
青螺煲鸭肉　　　　65
红枣羊肉汤　　　　66
冬瓜排骨汤　　　　66
赤小豆炖鲫鱼　　　66
螺肉煲西葫芦　　　67
冬瓜红枣鲤鱼汤　　67
薏米瓜皮鲫鱼汤　　67
牛鞭汤　　　　　　68
黑豆鸡腿汤　　　　68
当归牛尾虫草汤　　68
绿豆牛蛙汤　　　　69
党参马蹄猪腰汤　　69
杜仲鹌鹑汤　　　　69
苦瓜牛蛙汤　　　　70
螺片玉米须黄瓜汤　70
车前子空心菜猪腰汤　71
甲鱼芡实汤　　　　72

五子下水汤	72	冬瓜三宝汤	80	
桑螵蛸鸡汤	72	首乌核桃羹	81	
泽泻薏米瘦肉汤	73	赤小豆麦片粥	81	
海底椰瘦肉汤	73	银耳枸杞汤	81	
黄芪枸杞炖乳鸽	73	红枣柏子小米粥	82	
六味地黄鸡汤	74	核桃海金粥	82	
参芪泥鳅汤	74	薏米黄芪粥	83	
龙骨牡蛎鸭汤	74	枸杞佛手粥	83	
莲子百合煲瘦肉	75	马蹄茅根茶	84	
佛手胡萝卜马蹄汤	75	荷叶甘草茶	84	
肉豆蔻山药炖乌鸡	75	通草车前子茶	85	
木瓜车前草猪腰汤	76	金钱草茶	85	
苦瓜海带瘦肉汤	76	三金茶	86	
鲫鱼炖西蓝花	77	威灵仙牛膝茶	86	
当归苁蓉炖羊肉	78	桑葚猕猴桃奶	87	
乌鸡银耳煲枸杞	78	西瓜汁	87	
杜仲狗肉煲	78	西红柿西瓜西芹汁	88	
龟肉鱼鳔汤	79	樱桃西红柿汁	88	
鸡肉炖蘑菇	79	马齿苋荠菜汁	89	
银耳西红柿汤	79	玉米须燕麦黑豆浆	89	
茯苓西瓜汤	80	竹叶茅根饮	90	
西瓜绿豆鹌鹑汤	80	通草海金沙茶	90	

PART 3
变幻无穷，吃出新花样

蒜蓉丝瓜	92
清炒红薯丝	92
豌豆拌豆腐丁	92
香菇炒冬瓜	93
三色芹菜	93
附子蒸羊肉	93
清蒸武昌鱼	94
凉拌海藻丝	94
辣椒炒兔肉	94
洋葱炒芦笋	95
油菜炒黑木耳	95
南瓜炒洋葱	95
虾皮炒西葫芦	96
银鱼炒苦瓜	96
花椒猪蹄冻	97
灯心草百合炒芦笋	98
百合红枣鸽肉汤	98
白萝卜丹参猪骨汤	99
香菇花生牡蛎汤	99
天麻地龙炖牛肉	100
桂参红枣猪心汤	100
参归山药猪腰汤	100
三七二仁乳鸽汤	101
当归桂圆鸡肉汤	101
双仁菠菜猪肝汤	101
鸽肉莲子汤	102
莲子乌鸡山药煲	102
龟板杜仲猪尾汤	103
香菇枣仁甲鱼汤	103
山楂猪脊骨汤	104
山药黄精炖鸡	104
红腰豆煲鹌鹑	104
牡蛎酸菜汤	105
鲍鱼参杞汤	105

薏米南瓜浓汤	105	红枣核桃乌鸡汤	114			
当归黄芪乌鸡汤	106	冬瓜竹笋汤	115			
猪肝汤	106	菠萝甜汤	115			
酒酿红枣蛋	107	三七煮鸡蛋	115			
红枣桃仁羹	107	丹参山楂粥	116			
归芪乌鸡汤	108	党参白术茯苓粥	116			
山楂瘦肉汤	108	核桃莲子黑米粥	117			
百合白果鸽子煲	108	桂枝莲子粥	117			
天麻川芎鱼头汤	109	丁香绿茶	118			
独活羊肉汤	109	防风苦参饮	118			
桂圆百合炖乳鸽	109	丹参赤芍生地黄饮	119			
赤小豆薏苡炖鹌鹑	110	玫瑰香附茶	119			
党参牛尾汤	110	决明子苦丁茶	120			
鸭肉炖黄豆	111	桃仁苦丁茶	120			
五灵脂红花炖鱿鱼	112	绞股蓝茶	121			
栗子羊肉汤	112	玫瑰夏枯草茶	121			
山茱萸丹皮炖甲鱼	112	菊花山楂赤芍饮	122			
麦枣桂圆汤	113	红花绿茶饮	122			
枸杞鱼片汤	113	洋甘菊红花茶	123			
银耳杜仲汤	113	薄荷甘菊茶	123			
生地黄煲龙骨	114	蜂蜜绿茶	124			
百合乌鸡汤	114	黄柏知母酒	124			

PART 4
齿颊留香，
尽享味觉盛宴

橙汁冬瓜条	126
清炒刀豆	126
孔雀鳜鱼	126
土豆炒蒜薹	127
核桃仁拌韭菜	127
西蓝花炒双菇	127
洋葱炒牛肉丝	128
木香陈皮炒肉片	128
拌双耳	128
黑木耳上海青	129
香菇烧花菜	129
芦荟炒马蹄	129
南瓜百合甜点	130
甘草冰糖炖香蕉	130
佛手娃娃菜	131
韭菜子蒸猪肚	132
椰子鸡汤	132

山药白术羊肚汤	132	白菜海带豆腐汤	139	五香毛豆	146
生姜米醋炖冬瓜	133	补骨脂芡实鸭汤	139	无花果煎鸡肝	146
当归生姜羊肉汤	133	生地黄乌鸡汤	139	田螺墨鱼骨汤	147
粉葛红枣猪骨汤	133	荷叶牛肚汤	140	白菜老鸭汤	147
三七郁金炖乌鸡	134	山楂肉丁汤	140	神曲粥	148
黄芪猪肝汤	134	参片莲子汤	141	莪术粥	148
佛手延胡索猪肝汤	134	沙参泥鳅汤	141	黄芪红糖粥	148
白芍山药鸡汤	135	西洋参甲鱼汤	142	赤小豆薏米粥	149
姜韭牛奶	135	猪肠莲子枸杞汤	142	山药白扁豆粥	149
柴胡白菜汤	135	芥菜青鱼汤	142	乌药红花粥	149
海带排骨汤	136	鱼肚甜汤	143	泽泻枸杞粥	150
灵芝茅根猪蹄汤	136	豆浆炖羊肉	143	五仁粥	150
山药五宝甜汤	137	北沙参芥菜汤	143	莱菔子粥	151
木瓜牛奶	138	白豆蔻草果羊肉汤	144	沙参竹叶粥	151
冬瓜赤小豆汤	138	山药核桃羊肉汤	144	枣参茯苓粥	152
黄连杏仁汤	138	金针菇鱼头汤	145	白术猪肚粥	152
				猪苓垂盆草粥	153
				玉米车前子粥	153
				黄连白头翁粥	154
				牛蒡槐花粥	154
				薏米诃子粥	155
				莲子糯米羹	155
				甘草金银花茶	156
				大黄蜂蜜茶	156
				麦芽乌梅饮	156
				生地黄绿茶饮	157
				半夏厚朴茶	157
				火麻仁绿茶	157
				栀子菊花茶	158
				三味药茶	158
				麦芽槐花茶	159
				山楂薏米荷叶茶	159
				荔枝桂圆汁	160
				荔枝柠檬汁	160

PART 1

美味保健菜，
好吃停不下来

薏米黄瓜拌海蜇

材料

海蜇 300 克，黄瓜 200 克，薏米 50 克，红椒 1 个，盐、味精、香油、生姜各适量

做法

❶ 将海蜇、黄瓜均洗净切丝；薏米洗净，用开水泡发；红椒、生姜均洗净切丝。

❷ 锅中加水烧沸，下入海蜇丝稍焯后捞出；薏米入锅加水煮熟，捞出备用。

❸ 将海蜇、薏米、黄瓜、红椒丝装盘，加盐、味精、香油、生姜丝拌匀即可。

黑木耳炒猪肝

材料

猪肝、泡发黑木耳各 50 克，原味豆瓣酱 8 克，盐、水淀粉、葱、食用油各适量

做法

❶ 猪肝洗净，汆烫去腥，捞出切成薄片；葱洗净，切段。

❷ 锅中入食用油烧热，下豆瓣酱、葱段爆香，放入猪肝、黑木耳翻炒至熟，用水淀粉勾芡，加盐调味即可。

千层荷兰豆

材料

荷兰豆 150 克，红椒、香油各少许，盐 3 克

做法

❶ 荷兰豆去掉老筋洗净，剥开；红椒去蒂洗净，切丝。

❷ 锅置火上，倒入适量水烧开后，放入荷兰豆焯熟，捞出沥水，加盐、香油拌匀后摆盘，用红椒丝点缀即可。

冰糖苹果丁

材料

苹果1个，蜂蜜、冰糖各少许

做法

❶ 将苹果洗净，削去皮，切成丁，越细碎越好，淋上少许蜂蜜。

❷ 把淋过蜂蜜的苹果丁放入碗内加少许冰糖，加盖，置锅中隔水炖熟即可。

蜜心雪梨

材料

雪梨1个，蜂蜜60毫升

做法

❶ 将雪梨洗净，挖出梨核。

❷ 将蜂蜜倒入梨心中，放入碗里，入锅蒸20分钟左右，至熟即可。

❸ 睡前食用。

香蕉薄饼

材料

香蕉1根，面粉300克，鸡蛋1个，葱花少许，砂糖5克，盐4克，食用油适量

做法

❶ 鸡蛋打破，蛋液倒入碗中打匀；香蕉切段，放入碗中捣成泥状；蛋液倒入香蕉泥中，加水、面粉调成糊状。

❷ 加少许砂糖、葱花、盐搅拌均匀。

❸ 热锅入食用油，将面糊倒入锅内，摊薄，两面煎至金黄色即可。

白果扒草菇

材料

白果 15 克，草菇 450 克，陈皮 6 克，生姜丝 10 克，盐 3 克，葱花、味精、香油、食用油各适量

做法

❶ 将草菇洗净，切片；白果去皮发好；陈皮泡后切成丝。

❷ 锅内加少许食用油，下葱花、生姜丝爆香后，下入陈皮和草菇炒。

❸ 最后加入白果，调入盐、味精、香油翻炒均匀即可。

功效解析

　　本品可补气健脾，止咳化痰，适于咳吐白痰或肠胃功能紊乱的儿童食用。草菇能消食祛热、补脾益气、护肝健胃、增强人体免疫力，与白果搭配，具有很好的保健作用。

芥菜炒毛豆

材料

芥菜 100 克，毛豆 200 克，红甜椒少许，香油 8 毫升，盐 3 克，白醋 5 毫升，食用油适量

做法

❶ 芥菜择洗干净，氽水后切成末；红甜椒洗净，去蒂、籽，切粒。

❷ 毛豆择洗干净，放入沸水中煮熟，捞出装入盘中。

❸ 油锅加入芥菜末、红甜椒粒，调入香油、白醋、盐和毛豆炒匀即可。

功效解析

　　芥菜有解毒消肿之功效，能抗感染和预防疾病的发生。毛豆中的卵磷脂是孩子大脑发育不可缺少的营养之一。

蛤蜊菠菜

材料

菠菜 400 克，蛤蜊肉 200 克，料酒 15 毫升，盐 4 克，鸡精 1 克，食用油适量

做法

❶ 将菠菜洗净，切成长度相等的段，焯水，沥干装盘待用。

❷ 蛤蜊肉清理干净，加盐和料酒腌渍；锅中入食用油烧热，加入腌渍后的蛤蜊翻炒至熟。

❸ 加盐和鸡精调味，起锅倒在菠菜上即可。

功效解析

菠菜富含膳食纤维和钾元素，蛤蜊富含蛋白质，而脂肪含量较少，具有滋阴润燥、降脂减肥的功效，适合肥胖、便秘的儿童食用。

小贴士

蛤蜊等贝类本身极富鲜味，烹制时千万不要再加味精，也不宜多放盐，以免鲜味丧失。蛤蜊最好提前一天用水浸泡，使其吐净泥沙。

白术黄芪煮鱼

材料

虱目鱼肚1片，白术、黄芪、茯苓各10克，芹菜、盐、淀粉、枸杞子各适量

做法

❶ 虱目鱼肚洗净，切片，加盐、淀粉腌渍。

❷ 白术、黄芪、茯苓、枸杞子洗净；芹菜洗净切段。

❸ 锅置火上，加水、白术、黄芪、枸杞子、茯苓、虱目鱼肚一起大火煮沸，转小火续熬，熬至味出时，加入适量芹菜即可。

西红柿紫菜蛋花汤

材料

紫菜100克，西红柿、鸡蛋各50克，盐3克，食用油适量

做法

❶ 紫菜泡发，洗净；西红柿洗净，切块；鸡蛋打散。

❷ 锅置于火上，加入食用油，注水烧至沸时，放入紫菜、鸡蛋、西红柿。

❸ 再煮至沸时，加盐调味即可。

海带炖排骨

材料

排骨350克，海带、姜片各适量，盐3克

做法

❶ 排骨洗净，切片，汆水；海带洗净，切片。

❷ 将排骨汆一下，去除血腥。

❸ 将排骨、海带、姜片放入锅中，加入清水，炖2个小时至汤色变浓后，调入盐即可。

蒜香白及煮鲤鱼

材料

鲤鱼1条，蒜10克，白及15克，盐3克

做法

❶ 将鲤鱼去鳞、鳃及内脏，切成段，清洗干净备用。

❷ 将蒜去皮，用清水洗净备用；白及洗净，备用。

❸ 锅洗净，置于火上，将鲤鱼与蒜、白及一起放入锅内，加入适量的清水一同煮汤，鱼肉熟后，加盐调味即可。

四神沙参猪肚汤

材料

猪肚半个，茯苓50克，沙参15克，莲子、芡实各100克，山药200克，盐4克

做法

❶ 猪肚洗净氽烫切块；芡实淘洗干净，用清水浸泡，沥干；山药削皮，洗净切块；莲子、茯苓、沙参均洗净。

❷ 将除盐外的所有材料一起放入锅中，大火煮沸后，再转小火炖2个小时，煮熟烂后，加盐调味即可。

芡实莲子薏米汤

材料

芡实、薏米、干品莲子各100克，茯苓、山药各50克，猪小肠500克，肉豆蔻10克，盐4克

做法

❶ 将猪小肠洗净，入沸水氽烫，剪成小段。

❷ 芡实、茯苓、山药、莲子、薏米、肉豆蔻洗净，与备好的猪小肠同下锅，加水适量。

❸ 大火煮沸，转小火炖煮至熟烂后，加入盐调味即可。

苦瓜排骨汤

材料

排骨 100 克，苦瓜 200 克，麻黄 10 克，盐适量

做法

❶ 将苦瓜洗净、去瓤，切成块；麻黄洗净；排骨洗净。

❷ 把排骨、苦瓜、麻黄一同放入锅内，加适量清水，大火煮沸后改为小火煮1个小时。

❸ 最后加入盐调味即可。

功效解析

　　本品具有发汗祛邪、宣肺止咳的功效。适合感冒汗出不畅、咳嗽痰多、鼻塞流涕的儿童食用。苦瓜具有清热祛暑、明目解毒、降压降糖、利尿凉血、解劳清心的功效，但苦瓜性凉，脾胃虚寒者不宜食用。

半夏桔梗薏米汤

材料

半夏 15 克，桔梗 10 克，薏米 50 克，冰糖、百合、葱花各适量

做法

❶ 半夏、桔梗用水略冲。

❷ 将半夏、桔梗、薏米、百合一起放入锅中，加水1000毫升煮至薏米熟烂。

❸ 加入冰糖调味，撒上葱花即可。

功效解析

　　本品具有燥湿化痰、理气止咳的功效，适合痰湿蕴肺型的慢性支气管炎小儿患者食用。薏米具有利水消肿、健脾祛湿、舒筋除痹、清热排脓等功效；薏米还可以促进体内血液和水分的新陈代谢，有利尿、消肿等作用，并可帮助排便，减轻体重。

山药炖猪血

材料

猪血100克，山药30克，盐3克，味精2克，香油、食用油各适量

做法

① 山药去皮，洗净，切块。

② 猪血洗净，切片，放入开水锅中汆水，捞出备用。

③ 猪血与山药一同放入另一锅内，加入食用油和适量水烧开，改用小火炖15～30分钟，加入盐、味精调味，最后淋上适量的香油即可。

功效解析

本品具有健脾补血的功效，可改善小儿营养不良、疳积、厌食等症。猪血含铁量较高，而且以血红素铁的形式存在，容易被人体吸收利用，处于生长发育阶段的儿童应该多吃些有动物血的菜肴。

小贴士

选购以色正新鲜、无夹杂猪毛和杂质、质地柔软、非病猪之血为优。猪血在收集的过程中非常容易被污染，因此最好是购买经过灭菌加工的盒装猪血。

益智仁鸭汤

材料

益智仁 15 克，白术 10 克，葱 5 克，生姜块 3 克，净鸭肉 250 克，净鸭肾 1 个，味精、料酒、盐各适量

做法

❶ 将鸭肉洗净切块；鸭肾剖开，去黄皮和杂物，洗净切成4块；生姜块洗净拍松；葱洗净切段。

❷ 汤锅置大火上，加清水1500毫升煮沸，加入所有材料小火炖2个小时即可。

马蹄海蜇汤

材料

马蹄 30 克，海蜇丝 50 克

做法

❶ 先将马蹄用清水洗净，然后去皮，切成小块备用。

❷ 海蜇丝用清水洗净，备用。

❸ 将马蹄、海蜇丝一同放入砂锅中，加适量水，大火烧开后，转小火熬煮20分钟，煎汤饮用。

百合绿豆凉薯汤

材料

百合 150 克，绿豆 300 克，凉薯 1 个，猪瘦肉 1 块，盐、味精各适量

做法

❶ 百合泡发；猪瘦肉洗净，切成块。

❷ 凉薯洗净，去皮，切成大块。

❸ 将以上材料和绿豆放入煲中，以大火煲开，转用小火煲15分钟，加入盐、味精调味即可。

远志菖蒲鸡心汤

材料

鸡心300克，胡萝卜50克，葱2根，远志15克，菖蒲15克，盐3克

做法

❶ 将远志、菖蒲装入纱布袋内，扎紧。

❷ 鸡心入开水中汆烫；葱洗净，切段。

❸ 胡萝卜削皮洗净，切片，刻花，与装有药材的纱布袋先下锅，加1000毫升水煮汤，以中火滚沸至剩600毫升水，加鸡心煮沸，下葱段、盐调味即可。

豆腐冬瓜汤

材料

豆腐250克，冬瓜200克，盐适量

做法

❶ 豆腐洗净，切小块；冬瓜去皮，洗净，切薄片。

❷ 锅中加水，放入豆腐、冬瓜，先用大火烧开后，转小火熬煮半个小时。

❸ 加盐调味即可。

莲子白萝卜汤

材料

莲子30克，白萝卜250克，砂糖适量

做法

❶ 将莲子去心，洗净；白萝卜洗净，切块，备用。

❷ 锅内加适量水，放入莲子，大火烧沸，改用小火煮10分钟，再放入白萝卜块，小火煮沸5分钟。

❸ 最后调入砂糖即成。

罗宋汤

材料

五味子 10 克，黄芪 10 克，牛腩 100 克，洋葱 200 克，胡萝卜 100 克，土豆 200 克，西红柿 250 克，盐 3 克，番茄酱 5 克

做法

❶ 五味子、黄芪洗净，放入纱布袋中包起。

❷ 牛腩切小块，用热水汆烫；洋葱、胡萝卜、土豆洗净去皮后切块；西红柿切块备用。

❸ 将除盐外的所有材料一起放入锅中，加水 2000 毫升，大火煮滚后转小火煮至熟透，调盐即可。

功效解析

本品具有益气健脾、促进食欲、润肠通便的食疗效果。胡萝卜含有植物纤维，吸水性强，在肠道中体积容易膨胀，可加强肠道的蠕动，从而利膈宽肠，通便防癌。

党参佛手猪心汤

材料

猪心 200 克，党参 8 克，豆芽 50 克，佛手 10 克，清汤、盐、生姜末、枸杞子各适量

做法

❶ 将猪心洗净，汆水，切片备用。

❷ 党参、佛手洗净；豆芽洗净，备用。

❸ 汤锅上火，倒入清汤，调入盐、生姜末、枸杞子，下入猪心、党参、佛手、豆芽煮至熟即可。

功效解析

本品具有益气健脾、行气消积食的功效，可用于小儿疳积、腹胀食积、食欲不振等症。猪心是一种营养十分丰富的食品，它含有蛋白质、钙、磷、铁及 B 族维生素等，对加强心肌营养，增强心肌收缩力有很大的作用。

党参生鱼汤

材料

胡萝卜50克,党参10克,陈皮10克,生鱼1条,生姜片、葱段、盐、薄荷叶、食用油各适量

做法

❶ 党参切段;胡萝卜洗净去皮切块;陈皮洗净;生鱼处理干净切段。

❷ 锅中入食用油烧热,下入处理好的生鱼煎至金黄。

❸ 另起油锅烧热,烧至五六成热时,下入生姜片、葱段爆香,再下入党参、陈皮、生鱼、胡萝卜,加水烧开,调入盐,放上薄荷叶即成。

功效解析

此汤消食开胃、滋阴补气,对小儿厌食、消化不良等症均有疗效。党参对神经系统有兴奋作用,能增强机体抵抗力;还有调节胃肠运动、抗溃疡、抑制胃酸分泌、降低胃蛋白酶活性等作用。

小贴士

党参常用于脾胃虚弱、少食便溏、肺气不足、咳嗽气喘、气虚体弱等症。

黄花菜鱼头汤

材料

鳙鱼头 100 克,红枣、黄花菜各 15 克,苍耳子 6 克,白芷、白术各 8 克,细辛 5 克,生姜片、盐、食用油各适量

做法

❶ 将鳙鱼头洗净沥水,锅内放食用油,烧热后把鱼头两面稍煎一下,盛出备用。

❷ 将除盐外的所有材料放入砂锅中,加水适量,以小火炖煮2个小时。

❸ 最后加盐调味即可。

枸杞叶猪肝汤

材料

猪肝 200 克,枸杞叶、桑叶各 10 克,生姜 5 克,盐适量

做法

❶ 猪肝洗净,切成薄片;枸杞叶、桑叶洗净;生姜洗净,切片。

❷ 将桑叶加水熬成药液。

❸ 再下入猪肝片、枸杞叶、生姜片,煮5分钟后,调入盐即可。

姜橘鲫鱼汤

材料

生姜片 30 克,鲫鱼 250 克,橘皮 10 克,胡椒粉 3 克,盐适量

做法

❶ 将鲫鱼宰杀,去内脏,用清水洗净;橘皮洗净备用。

❷ 锅中加适量水,放入鲫鱼,用小火煨熟。

❸ 加生姜片、橘皮,稍煨一会儿,再加胡椒粉、盐调味即可。

木瓜排骨汤

材料

木瓜 100 克，排骨 100 克，盐少许

做法

❶ 木瓜去皮、去核后切厚块；排骨洗净，斩成段状。

❷ 木瓜、排骨同入锅内，加适量清水，用大火煮沸后改用小火煮，煮2个小时左右。

❸ 煮好后，加盐调味即可。

天麻炖乳鸽

材料

天麻片 5 克，乳鸽 1 只，生姜 3 克，盐适量

做法

❶ 将天麻片洗净；生姜去皮，洗净，切片；乳鸽宰杀后去毛及内脏，洗净，斩件。

❷ 将天麻片、生姜片和乳鸽放入炖锅中，加适量清水，以大火煮沸，再改用小火炖至肉熟烂。

❸ 加入盐调味即可。

白果煲猪小肚

材料

猪小肚 100 克，白果 5 枚，覆盆子 10 克，盐 3 克，味精 2 克

做法

❶ 猪小肚洗净，切丝；白果炒熟，去壳。

❷ 将猪小肚、白果、覆盆子一起放入砂锅，加适量水，煮沸后改小火炖煮1个小时。

❸ 调入盐、味精即可。

平菇虾米肉丝汤

材料

鸡大胸肉 200 克，平菇 45 克，虾米 5 克，高汤 500 毫升，葱花适量

做法

❶ 将鸡大胸肉洗净，切丝、汆水；平菇洗净撕成条；虾米洗净稍泡备用。

❷ 净锅上火，倒入高汤，下入鸡大胸肉、平菇、虾米煮熟，撒上葱花即可。

功效解析

　　虾米营养丰富，蛋白质含量是鱼、蛋、奶的几倍到几十倍，并且易于消化，是宝宝补充蛋白质的良品。虾米含有丰富的镁，镁对心脏活动具有重要的调节作用。鸡肉含有维生素C、维生素E等，蛋白质的含量比例较高且种类多，而且消化率高，很容易被人体吸收利用，有增强孩子体力、强壮身体的作用。

双豆瘦肉木瓜羹

材料

猪瘦肉 200 克，木瓜 100 克，红腰豆、绿豆各 50 克，盐少许，高汤、食用油、青菜各适量，生姜丝 3 克

做法

❶ 将猪瘦肉洗净，切丁、汆水；木瓜去皮、去瓤、切丁；红腰豆、绿豆浸泡洗净。

❷ 净锅上火，倒入食用油，将生姜丝爆香，加入高汤、猪瘦肉、红腰豆、绿豆煮至熟，调入盐，最后加入木瓜、青菜即可。

功效分析

　　猪肉中含有 B 族维生素，对促进孩子的血液循环，以及尽快消除身体疲劳、增强体质有重要的作用。绿豆中所含蛋白质、磷脂均有兴奋神经、增进食欲的功能。

鳗鱼冬瓜汤

材料

决明子 10 克，鳗鱼 1 条，冬瓜 300 克，盐少许，葱花 20 克

做法

❶ 将决明子洗净；鳗鱼去鳃和内脏洗净；冬瓜洗净去皮，切成小块状。

❷ 加入适量水，将水煮开。

❸ 将除盐外的全部材料放入锅内，煮至鱼烂汤稠，加盐拌匀即可趁热食用。

功效解析

　　本品具有养肝明目、清心利水的功效，可有效降低眼内压，对夜盲症、青光眼均有较好的食疗作用。鳗鱼富含维生素 A 和维生素 E，以及丰富的优质蛋白和多种人体必需的氨基酸。鳗鱼还有助于脑部的发育。

沙参煲猪肺

材料

沙参片 15 克，猪肺 300 克，盐 3 克

做法

❶ 将猪肺洗净，切块焯水。

❷ 沙参片洗净备用。

❸ 净锅上火倒入水，调入盐，下入猪肺、沙参片煲至熟即可。

功效解析

　　本品具有滋阴润燥、润肺止咳的功效，对肺结核患者潮热、盗汗、咳嗽、咯血有一定疗效。在挑选猪肺时，以其表面色泽粉红、光洁、富有弹性的为新鲜肺。变质肺的色为褐绿或灰白色，有异味。

丝瓜木耳汤

材料

丝瓜1条，黑木耳20克，盐3克，香油适量

做法

❶ 丝瓜刨皮，洗净后切片。

❷ 将黑木耳泡发，去蒂后洗净，撕成片状。

❸ 锅中加入清水800毫升，烧开后放入丝瓜、盐，煮至丝瓜断生时，下黑木耳略煮片刻，待熟后盛入汤碗，淋上香油即可。

生姜鱼头汤

材料

鳙鱼头1个，生姜5片，盐、食用油各适量

做法

❶ 将鱼头处理干净，锅中入食用油烧热，下鱼头煎至微黄。

❷ 把生姜片、鱼头一起放入炖锅内，加适量开水，炖锅加盖，小火隔水炖2个小时。

❸ 最后加入盐调味即可。

菊豆枸杞汤

材料

菊花10克，绿豆30克，枸杞子10克，红糖适量

做法

❶ 将绿豆洗净，用清水浸泡约半个小时；将枸杞子、菊花洗净。

❷ 把绿豆放入锅内，加适量清水，大火煮沸后，小火煮至绿豆开花。

❸ 然后加入菊花、枸杞子再煮20分钟，加入红糖调味即可。

百合玉竹瘦肉汤

材料

水发百合 100 克，猪瘦肉 75 克，玉竹 10 克，清汤、枸杞子各适量，盐 3 克，砂糖 3 克，葱花适量

做法

❶ 将水发百合洗净；猪瘦肉洗净切片；玉竹用温水洗净浸泡备用。

❷ 净锅上火倒入清汤，调入盐、砂糖，下入猪瘦肉烧开，打去浮沫，再下入玉竹、水发百合、枸杞子煲至熟，撒上葱花即可。

柠檬红枣炖鲈鱼

材料

鲈鱼 1 条，红枣 8 颗，柠檬 1 个，生姜片、香菜、盐各少许

做法

❶ 鲈鱼洗净切块；红枣泡软去核；柠檬洗净切片。

❷ 汤锅内倒入1500毫升水，加入红枣、生姜片、柠檬片，以大火煲至水开，放入鲈鱼，改中火继续煲半个小时至鲈鱼熟透，按个人口味放入盐、香菜即可。

南瓜虾皮汤

材料

南瓜 400 克，虾皮 20 克，葱花 5 克，食用油适量

做法

❶ 南瓜洗净去皮切块。

❷ 用食用油爆锅后，放入南瓜块稍炒，加入虾皮，再炒片刻。

❸ 添水煮成汤，煮熟，撒上葱花即可。

丝瓜排骨汤

材料

丝瓜 100 克，卤排骨 100 克，西红柿 100 克，高汤适量，砂糖 2 克，盐 2 克

做法

① 西红柿洗净，切成块状；丝瓜去皮，洗净切滚刀块。

② 汤锅上火，倒入高汤，下入切好的西红柿、丝瓜和卤排骨。

③ 大火烧开后转小火继续煲1个小时，调入盐和砂糖即可。

功效解析

    丝瓜含有皂苷、苦味素、木聚糖、蛋白质、B 族维生素等成分，具有清热、解毒的功效。另外，丝瓜对保持孩子皮肤滑嫩有很好的效果。西红柿含有多种有机酸，可促进钙、铁元素的吸收，还能补充孩子身体所需的其他营养。

薏米猪肠汤

材料

薏米 20 克，猪小肠 120 克，金樱子、山茱萸各 10 克，盐、葱花、枸杞子、核桃仁各适量

做法

① 薏米洗净，用热水泡1个小时；猪小肠洗净，放入开水中汆烫至熟，切小段。

② 将金樱子、山茱萸装入纱布袋中，扎紧，与猪小肠、薏米、枸杞子、核桃仁同放入锅中，加水煮沸，转中火续煮2个小时。

③ 煮至熟烂后，将药袋捞出，加入盐调味，撒上葱花即可。

功效解析

    本品具有补肾健脾、缩尿止遗的功效，适合遗尿的小儿食用。

霸王花猪肺汤

材料

霸王花 20 克，猪肺 750 克，猪瘦肉 300 克，红枣 3 颗，南杏仁 10 克，北杏仁 10 克，盐 5 克，生姜 2 片，食用油适量

做法

❶ 霸王花、红枣浸泡，洗净；猪肺洗净，切片；猪瘦肉洗净，切块。

❷ 锅中入食用油烧热，放入生姜片，将猪肺爆炒5分钟左右盛出。

❸ 另起锅，加适量清水煮沸后，加入除盐外的所有材料，用小火煲2个小时，加盐调味即可。

功效解析

本品具有宣肺散寒、化痰平喘的功效，适合冷哮型的小儿哮喘患者食用。此汤含有丰富的营养成分，经常食用，可以增强免疫力，促进身体的成长。

小贴士

霸王花味甘、性微寒，入肺经，具有清热润肺、化痰止咳的功效，是极佳的清补汤料，主治肺结核、支气管炎、颈淋巴结核和腮腺炎等症。

丝瓜络猪瘦肉汤

材料

丝瓜络 30 克，猪瘦肉 60 克，盐 4 克

做法

❶ 将丝瓜络洗净；猪瘦肉洗净，切块。

❷ 将丝瓜络、猪瘦肉和适量水放入锅内同煮。

❸ 最后加入少许盐调味即可。

冬瓜鱼片汤

材料

鲷鱼 100 克，冬瓜 150 克，大青叶 10 克，生姜丝 10 克，盐 3 克

做法

❶ 鲷鱼洗净，切片；冬瓜去皮洗净，切片；大青叶放入纱布袋。

❷ 鲷鱼、冬瓜和纱布袋放入锅中，加入清水，以中火煮至熟。

❸ 取出纱布袋，加入生姜丝、盐调味即可。

赤小豆薏米汤

材料

赤小豆 100 克，薏米 100 克

做法

❶ 赤小豆、薏米分别洗净，浸泡数小时。

❷ 锅置于火上，加水500毫升，大火煮开，再倒入赤小豆、薏米用小火煮烂即可。

❸ 可分3次食用。

扁豆猪肺汤

材料

扁豆 10 克，猪肺 300 克，盐适量

做法

❶ 扁豆择净后，用清水漂洗，再用纱布包起来备用。

❷ 猪肺洗净，同扁豆一起放入砂锅内，注入清水约2000毫升。

❸ 先用大火烧沸，改用小火炖1个小时，至猪肺熟透，加少许盐调味即可。

白果炖乳鸽

材料

白果 20 克，乳鸽 1 只，生姜 10 克，盐、鸡精、胡椒粉、香菜、食用油各适量

做法

❶ 乳鸽洗净斩小块；生姜切片。

❷ 净锅上火，加水烧沸，把乳鸽下入沸水中汆烫。

❸ 锅中加食用油烧热，下入生姜片爆香，加入清水，放入乳鸽、白果煲30分钟，加入盐、鸡精、胡椒粉，撒上香菜即可。

猪肺花生汤

材料

猪肺 1 个，花生仁 100 克，料酒 10 毫升，盐适量

做法

❶ 猪肺洗净，切块；花生仁洗净。

❷ 猪肺、花生仁共入锅内，小火炖1个小时。

❸ 除去汤表面的浮沫，加入盐、料酒，再炖1个小时即可。

菊花桔梗雪梨汤

材料

甘菊5朵，桔梗5克，雪梨1个，冰糖5克

做法

❶ 甘菊、桔梗洗净，加1200毫升水煮开，转小火继续煮10分钟，去渣留汁。

❷ 加入冰糖搅匀后，盛出待凉。

❸ 雪梨洗净，削去皮，梨肉切丁，加入已凉的甘菊水即可。

鸡蛋银耳浆

材料

鸡蛋1个，银耳50克，豆浆500毫升，砂糖适量

做法

❶ 鸡蛋打在碗内搅匀；银耳泡开。

❷ 将银耳与豆浆入锅同煮。

❸ 煮好后趁热冲入鸡蛋液，再加砂糖即可。

紫菀款冬猪肺汤

材料

紫菀10克，款冬15克，猪肺300克，盐4克，生姜片4克

做法

❶ 将猪肺用清水洗净，切块。

❷ 猪肺与洗净的紫菀、款冬共煮。

❸ 煮至熟时，加入盐、生姜片调味即可。

牡蛎豆腐羹

材料

牡蛎肉 150 克，豆腐 100 克，鸡蛋 80 克，韭菜 50 克，食用油、盐、葱段、香油、高汤各适量

做法

❶ 牡蛎肉洗净；豆腐洗净，切成细丝；韭菜清洗干净切末；鸡蛋打入碗中备用。

❷ 锅内倒入食用油，炝香葱，倒入高汤，下入牡蛎肉、豆腐丝，调入盐煲至入味，再下入韭菜末、鸡蛋液，淋入香油即可。

鱼肉瘦肉粥

材料

鱼肉 25 克，猪瘦肉 20 克，大米 50 克，盐、葱花、姜丝各少许

做法

❶ 鱼肉入锅煮熟，取出待凉，制成蓉状；猪瘦肉洗净后，切碎。

❷ 砂锅中注水，放入洗净的大米熬煮，待水烧开后，加入鱼蓉、碎肉、姜丝，煮至米肉糜烂，加入少许盐，撒上葱花即可。

葱白红枣鸡肉粥

材料

红枣 6 颗，鸡肉、大米各 100 克，生姜、葱白、香菜各 10 克

做法

❶ 鸡肉洗净，切块；大米、红枣、葱白、香菜洗净，备用；生姜去皮，洗净切片。

❷ 将大米、鸡肉、生姜片、红枣和适量水一起放入锅中，用大火煮成粥。

❸ 待粥成，再加入葱白、香菜调味即可。

33

桂圆益智仁糯米粥

材料

桂圆肉20克,益智仁15克,糯米100克,砂糖、生姜丝各5克

做法

❶ 糯米淘洗干净，放入清水中浸泡；桂圆肉、益智仁洗净备用。

❷ 锅置火上，放入糯米，加适量清水煮至粥将成。

❸ 放入桂圆肉、益智仁、生姜丝，煮至米烂后放入砂糖调匀即可。

功效解析

　　此粥具有补益心脾、益气养血的功效，对小儿流涎有很好的食疗作用。本品含有非常丰富的铁质，还含有大量丰富的维生素A及葡萄糖、蔗糖等，对健忘、心悸、神经衰弱之不眠症等都有很好的食疗作用。

羊肉草果豌豆粥

材料

羊肉100克，草果15克，豌豆50克，大米80克，盐、味精、生姜汁、香菜各适量

做法

❶ 草果、豌豆洗净；羊肉洗净，切片；大米淘净，泡好。

❷ 大米放入锅中，加适量清水，大火煮开，下入羊肉、草果、豌豆，改中火熬煮。

❸ 用小火将粥熬出香味，加盐、味精、生姜汁调味，撒上香菜即可。

功效解析

　　本粥温脾胃、止呕吐，可用于脾胃虚寒型的小儿厌食症。羊肉蛋白质含量较多，脂肪含量较少，维生素及铁、锌、硒的含量颇为丰富。此外，羊肉肉质细嫩，容易消化吸收，多吃羊肉有助于提高身体免疫力。

佛手薏米粥

材料

红枣、薏米各 20 克，佛手 15 克，大米 70 克，砂糖 3 克，葱 5 克

做法

❶ 大米、薏米均泡发，洗净；红枣洗净，去核，切成小块；葱洗净，切成葱花；佛手洗净，备用。

❷ 锅置火上，倒入清水，放入大米、薏米、佛手，以大火煮开。

❸ 加入红枣煮至浓稠状，撒上葱花，调入砂糖拌匀即可。

功效解析

此粥能促进新陈代谢、减少肠胃负担，可缓解小儿疳积症状。薏米富含多种维生素和矿物质，有促进新陈代谢和减少胃肠负担的作用，可作为病中或病后体弱患者的补益食品。

牛奶山药麦片粥

材料

牛奶 100 毫升，豌豆 30 克，麦片 50 克，莲子 20 克，砂糖 3 克，山药、葱各适量

做法

❶ 豌豆、莲子洗净；山药去皮洗净；葱洗净切成葱花。

❷ 锅置火上，加入适量清水，放入麦片，以大火煮开。

❸ 加入豌豆、莲子、山药同煮至浓稠状，倒入牛奶煮5分钟，撒葱花，调入砂糖拌匀。

功效解析

此粥含有多种营养素，可增强体质，还有促进睡眠的作用，可用于小儿疳积、营养不良等症。燕麦去壳以后保留了几乎所有的营养成分，燕麦富含可溶性纤维，有助于降低血液胆固醇，保护心脑血管。

山药糯米粥

材料

山药 15 克，糯米 50 克，红糖适量，胡椒末少许

做法

❶ 将山药去皮，洗净切片，备用。

❷ 先将糯米洗净，沥干，放进锅里略炒，然后加入山药片，加入适量的清水，用大火煮开后，转小火熬粥。

❸ 粥将熟时，加入胡椒末、红糖，再稍煮片刻即可食用。

石膏葛根粥

材料

生石膏 50 克，葛根 25 克，淡豆豉 2 克，麻黄 2 克，桑叶 5 克，大米 100 克，生姜 3 片

做法

❶ 将生石膏、葛根、淡豆豉、麻黄、生姜片、桑叶等洗净。

❷ 生石膏、葛根、淡豆豉、麻黄、生姜片、桑叶放进锅中，加入清水煎煮取汁去渣。

❸ 将洗净的大米加清水煮沸后，加入药汁煮成粥。

小米黄豆粥

材料

黄豆 10 克，小米 30 克，砂糖、葱花各适量

做法

❶ 将小米洗净，加水浸泡；黄豆洗净，煮熟捞出。

❷ 锅置火上，加适量水，放入小米，大火煮至水开后，加入黄豆，改小火熬煮。

❸ 煮至粥烂汤稠后，加砂糖、撒上葱花即可。

果仁鸡蛋羹

材料

白果 10 克，南杏仁 10 克，核桃仁 10 克，花生仁 10 克，鸡蛋 2 个

做法

❶ 将白果、南杏仁、核桃仁、花生仁一起炒熟，混合均匀。

❷ 将鸡蛋打入碗里，加10毫升的水，打散，然后将白果、南杏仁、核桃仁、花生仁打入鸡蛋液中搅匀。

❸ 入锅蒸至蛋熟即成。

果仁粥

材料

白果 10 克，浙贝母 10 克，莱菔子 15 克，大米 100 克，盐、香油各适量

做法

❶ 白果、大米、浙贝母、莱菔子洗净，一起装入瓦煲内。

❷ 加入2000毫升清水，烧开后，改为小火慢煮成粥。

❸ 下盐，淋香油，调匀即可。

紫米南瓜粥

材料

泡好的大米 15 克，泡好的紫米 5 克，老南瓜、夏南瓜各 10 克，豌豆 5 颗，杏仁粉 20 克

做法

❶ 在大米和紫米中倒入水，磨成末过筛。

❷ 煮熟的老南瓜冷却后，用汤匙盛在碗里。

❸ 夏南瓜切碎；豌豆汆烫后去皮磨碎。

❹ 在夏南瓜中加水熬煮，放进大米和紫米一起搅拌，然后放进其他材料煮熟即可。

菠萝麦仁粥

材料

菠萝 30 克，小麦仁 80 克，砂糖、葱各少许

做法

❶ 菠萝去皮洗净，切块，浸泡在淡盐水中；小麦仁泡发2个小时洗净；葱洗净，切花。

❷ 锅置火上，注入清水，放入小麦仁，用大火煮至熟，放入菠萝同煮。

❸ 改用小火煮至浓稠，可闻到香味时，加入砂糖调味，撒上葱花即可。

功效解析

　　小麦仁中不含胆固醇，其富含的纤维素能促进孩子肠道的蠕动，帮助孩子消化和排便，预防便秘；小麦仁还含有少量矿物质，如铁和锌，可增强孩子的免疫能力和抗病毒能力。菠萝中所含的蛋白质分解酶可以分解蛋白质，还能助消化。

瘦肉麦仁粥

材料

猪瘦肉 100 克，小麦仁 80 克，生姜丝 2 克

做法

❶ 将猪瘦肉洗净，切片；小麦仁淘净，浸泡2个小时。

❷ 锅中注入清水，下入小麦仁，大火煮沸，再下入切好的猪瘦肉和生姜丝，中火熬至麦粒开花。

❸ 改小火，待粥熬出香味即可。

功效解析

　　猪瘦肉中的部分水溶性物质，比如氨基酸和含氮物质能使汤味鲜美，它们溶解越多，粥的味道越浓，越能刺激人体胃液分泌，增进孩子的食欲。猪瘦肉所含营养成分较肥肉更加易于孩子的消化。而麦仁中含有大量的膳食纤维，对孩子的肠胃有极大的益处。

猪腰枸杞粥

材料

猪腰80克,枸杞子10克,大米120克,盐3克,鸡精2克,葱花5克

做法

❶ 猪腰洗净，去腰臊，切花刀；枸杞子洗净；大米淘净，泡好。

❷ 大米放入锅中，加水，以大火煮沸，下入枸杞子，以中火熬煮。

❸ 待米粒开花后放入猪腰，转小火，待猪腰变熟，加盐、鸡精调味，撒上葱花即可。

功效解析

　　此粥具有补肾强腰、缩尿止遗的功效，常食可改善小儿遗尿症状。猪腰味甘咸，性平。含有蛋白质、脂肪、碳水化合物、钙、磷、铁和维生素等，有健肾补腰、和肾理气之功效，可用于治疗肾虚腰痛、水肿、耳聋等症。

石决明小米瘦肉粥

材料

石决明10克，小米80克，猪瘦肉150克，盐3克，生姜丝10克，葱花、食用油各适量

做法

❶ 猪瘦肉用清水洗净，切小块；小米淘净，泡半个小时。

❷ 锅中放入食用油烧热，爆香生姜丝，放入猪瘦肉过油，捞出。锅中加清水烧开，下入小米、石决明，大火煮沸，转中火熬煮。

❸ 将粥熬出香味，再下入瘦肉煲5分钟，加盐调味，撒上葱花即可。

功效解析

　　本品补虚益血、滋补强身、息风止痉，可治疗小儿惊风症。石决明味咸，性寒，能清降肝火、平肝潜阳，可治疗目赤肿痛、小便不利、砂石淋痛、痈肿疮疡等症。

菠菜玉米枸杞粥

材料

菠菜、玉米粒、枸杞子各 15 克，大米 100 克，盐 3 克，味精 1 克

做法

❶ 大米泡发洗净；枸杞子、玉米粒洗净；菠菜去根，洗净，切成碎末。

❷ 锅置火上，注入清水后，放入大米、玉米粒、枸杞子，用大火煮至米粒开花。

❸ 再放入菠菜，用小火煮至粥成，调入盐、味精即可。

功效解析

此粥具有滋阴养血、养肝明目、降低眼内压的作用，适合夜盲症小儿患者食用。菠菜中所含的胡萝卜素，在人体内可转变成维生素 A，能维护正常视力和上皮细胞的健康，增加抵抗传染病的能力，促进儿童生长发育。

果仁鸡蛋粥

材料

核桃仁、花生仁各 40 克，鸡蛋 2 个，白果、南杏仁各 20 克，砂糖适量

做法

❶ 白果洗净，去壳、去皮；南杏仁、核桃仁、花生仁洗净。

❷ 将白果、南杏仁、核桃仁、花生仁共研成粉末，用干净、干燥的瓶罐收藏，放于阴凉处。

❸ 每次取20克加水煮沸，冲入鸡蛋，成一小碗，加砂糖搅拌均匀即可。

功效解析

本品补气敛肺、止咳化痰，适合肺气虚弱、久病不愈的小儿肺炎患者食用。核桃仁有顺气补血、止咳化痰、润肺补肾、滋养皮肤等功能。

冬瓜白果姜粥

材料

冬瓜 250 克，白果 30 克，大米 100 克，生姜末少许，盐、胡椒粉、葱各少许，高汤半碗

做法

❶ 白果去壳、皮，洗净；冬瓜去皮洗净，切块；大米洗净，泡发；葱洗净，切花。

❷ 锅置火上，注入水后，放入大米、白果，用大火煮至米粒完全开花。

❸ 再放入冬瓜、生姜末，倒入高汤，改用小火煮至粥成，调入盐、胡椒粉入味，撒上葱花即可。

功效解析

此粥能敛肺止咳、化痰利水，可治疗小儿咳嗽。冬瓜具有清热解毒、利水消痰、除烦止渴的功效，其中富含丙醇二酸，可以防止体内脂肪过多堆积。

黑米粥

材料

黑米 80 克，砂糖少许

做法

❶ 黑米洗净，置于冷水锅中浸泡半个小时，捞出沥干水分。

❷ 锅中加入适量清水，放入黑米以大火煮至开花。

❸ 再转小火将粥煮至呈浓稠状，调入少许砂糖即可。

功效解析

黑米是一种高蛋白质、富含维生素及纤维素的食品，还含有多种氨基酸和微量元素，具有滋阴补肾、明目聪耳的功效。黑米中富含的粗纤维也能促进孩子的肠胃蠕动，有助于孩子的排便。

红枣鱼肉粥

材料

大米150克，红枣（干）25克，鱼肉50克，砂糖、葱花各适量

做法

❶ 将大米淘洗干净，用冷水浸泡30分钟，捞出，沥干水分；红枣洗净，去核。

❷ 鱼肉清洗干净后，切小片，将鱼刺挑出。

❸ 锅中加适量水，放入大米、鱼肉和红枣，先用大火烧沸，再转小火熬煮。

❹ 待粥熟时，放入砂糖，撒上葱花即可。

功效解析

　　红枣含有大量的铁、维生素C等营养素，有助于孩子身体和大脑发育，可防治孩子缺铁性贫血。大米米糠层的粗纤维分子有助胃肠蠕动，对孩子便秘有很好的疗效。鱼肉含有促进大脑发育的营养物质。

香菇燕麦粥

材料

香菇、白菜各适量，燕麦60克，葱花适量

做法

❶ 燕麦泡发洗净；香菇洗净，切片；白菜洗净，切丝。

❷ 锅置火上，倒入清水，放入燕麦片，以大火煮开。

❸ 加入香菇、白菜同煮至浓稠状，撒上葱花即可。

功效解析

　　香菇中的维生素D含量很丰富，有益于孩子的骨骼健康。香菇的有效成分可增强T淋巴细胞功能，从而提高孩子的免疫力。香菇中所含的人体很难消化的粗纤维、半粗纤维和木质素，可保持肠内水分，对预防便秘有很好的效果。

鹌鹑五味子陈皮粥

材料

鹌鹑3只，茴香3克，大米80克，肉桂15克，五味子、陈皮各10克，生姜末、味精、盐、葱花各适量

做法

❶ 鹌鹑洗净切块，入沸水汆烫；大米淘净；茴香、肉桂、五味子、陈皮煎汁备用。

❷ 锅中放入鹌鹑、大米、生姜末、药汁，加沸水，熬煮成粥，加盐、味精调味，撒入葱花即可。

功效解析

　　本粥可健脾益气、补肺纳喘，对小儿百日咳后期有较好的食疗作用。鹌鹑肉是典型的高蛋白、低脂肪、低胆固醇食物，非常适合成长阶段的儿童食用，其含有丰富的卵磷脂和脑磷脂，是高级神经活动不可缺少的营养物质。

决明子粥

材料

大米100克，决明子10克，盐、葱花各适量

做法

❶ 大米泡发，洗净；决明子洗净。

❷ 锅置火上，倒入清水，放入大米，以大火煮至米粒开花。

❸ 加入决明子煮至粥呈浓稠状，调入盐拌匀，再撒上葱花即可。

功效解析

　　此粥具有抑制口腔细菌的作用，对小儿口腔溃疡有食疗作用，此外还有润肠通便的功效。决明子含有大黄素、大黄酸，有平喘、利胆、保肝、降压的功效。

赤小豆燕麦牛奶粥

材料

燕麦40克，赤小豆30克，山药、牛奶、木瓜各适量，砂糖5克

做法

❶ 燕麦、赤小豆均洗净，泡发；山药、木瓜均去皮洗净，切丁。

❷ 锅置火上，加入适量的清水，放入燕麦、赤小豆、山药以大火煮开。

❸ 再下入木瓜，倒入牛奶，待煮至浓稠状时，调入砂糖拌匀即可。

功效解析

　　赤小豆有较多的膳食纤维，具有良好的润肠通便作用。牛奶中含有促进孩子骨骼生长的钙质，能帮助其健康成长。山药具有滋养壮身、助消化、止泻的作用，并且还有增强孩子免疫能力的效果。

鳕鱼蟹味菇粥

材料

大米80克，冷冻鳕鱼肉50克，蟹味菇20克，青豆20克，枸杞子、盐、生姜丝各适量

做法

❶ 大米洗净；鳕鱼肉洗净，用盐腌渍去腥；青豆、蟹味菇洗净。

❷ 锅置火上，放入大米，加适量的清水煮至五成熟。

❸ 放入鳕鱼、青豆、蟹味菇、生姜丝、枸杞子煮至粥黏稠即可。

功效解析

　　蟹味菇中维生素D的含量很丰富，有益于孩子的骨骼健康。蟹味菇中纤维素的含量也超出一般蔬菜，能有效预防便秘，其还含有一种蛋白质，能阻止癌细胞合成，具有一定的抗癌作用。

苹果胡萝卜牛奶粥

材料

苹果、胡萝卜各 25 克，牛奶 100 毫升，大米 100 克，砂糖、葱花各 5 克

做法

❶ 胡萝卜、苹果洗净去皮，切小块；大米洗净。

❷ 锅中注入清水，放入大米煮至八成熟。

❸ 放入胡萝卜、苹果煮至粥将成，倒入牛奶稍煮，加砂糖调匀，撒上葱花即可。

功效解析

　　胡萝卜中的维生素 A 是骨骼正常生长发育的必需物质，其有助于细胞增殖与生长，是机体生长所需的要素；苹果含有丰富的蛋白质、碳水化合物、维生素 C、钙、磷；其维生素 A、维生素 B_1、维生素 B_2、铁等的含量也较高，具有助消化、健脾胃的功效。

木瓜芝麻羹

材料

木瓜 20 克，熟黑芝麻少许，大米 80 克，盐 2 克，葱少许

做法

❶ 大米泡发洗净；木瓜去皮洗净，切小块；葱洗净，切花。

❷ 锅置火上，注入水，加入大米，煮至熟后，加入木瓜同煮。

❸ 用小火煮至呈浓稠状时，调入盐，撒上葱花、熟黑芝麻即可。

功效解析

　　黑芝麻含有大量的脂肪和蛋白质，还有糖类、维生素 A、维生素 E、卵磷脂、钙、铁、镁等营养成分。此外，黑芝麻因富含矿物质，如钙与镁等，有助于促进孩子骨骼生长。常食黑芝麻能滋润孩子肌肤。

带鱼萝卜包菜粥

材料

带鱼、胡萝卜、包菜各 20 克，酸奶 10 毫升，大米 50 克，盐 3 克

做法

❶ 带鱼蒸熟后，剔除鱼刺，捣成鱼泥。

❷ 大米泡发洗净；胡萝卜去皮洗净，切小块；包菜洗净，切丝。

❸ 锅置火上，注入清水，放入大米，用大火熬煮，待水开后，转小火，下鱼肉。

❹ 待米粒绽开后，放入包菜、胡萝卜，调入酸奶，用小火煮至粥成，加盐调味即可。

功效解析

用带鱼、胡萝卜、包菜、酸奶、大米混合熬煮的粥，营养十分丰富，其富含优质蛋白质、不饱和脂肪酸、钙、磷、镁及多种维生素。此粥有滋补强壮、和中开胃的功效。

带鱼萝卜木瓜粥

材料

带鱼 20 克，木瓜 30 克，胡萝卜 10 克，大米 50 克，盐 3 克，葱花 10 克

做法

❶ 带鱼蒸熟后，剔除鱼刺，捣成鱼泥。

❷ 大米泡发洗净；木瓜去皮洗净，切小块；胡萝卜去皮洗净，切小块。

❸ 锅置火上，注水烧开后，放入大米，大火煮至水开后，将鱼泥、木瓜和胡萝卜入锅。

❹ 煮至粥浓稠时，加入盐调味，撒上葱花。

功效解析

带鱼含有较丰富的钙、磷及多种维生素，可为大脑提供丰富的营养成分。木瓜中含有的木瓜蛋白酶有助于孩子对食物的消化和吸收，有健脾消食的功效。

茶树菇鸭汤

材料

鸭肉 250 克,茶树菇少许,盐适量

做法

❶ 将鸭肉斩成块,清洗干净后焯水;茶树菇清洗干净。

❷ 将以上材料放入盅内,加水蒸2个小时。

❸ 最后放入盐调味即可。

功效解析

　　鸭肉属于低热量、口感较清爽的白肉,特别适合在夏天食用。茶树菇是以含有丰富氨基酸和多种营养成分出名的食用菌类,它还含有丰富的植物纤维素,能吸收汤中多余的油,使汤喝起来清爽不油腻。

冬瓜鸡蛋汤

材料

冬瓜 200 克,水发百合 25 克,鸡蛋 1 个,盐 4 克,葱花 5 克,红樱桃 1 颗,食用油适量

做法

❶ 将冬瓜去皮、籽,洗净切片;水发百合洗净;鸡蛋打入碗内,搅匀备用。

❷ 净锅上火倒入食用油,将葱花爆香,下入冬瓜煸炒至八成熟时,倒入水,调入盐。

❸ 下入水发百合烧开煲至熟,淋入鸡蛋液稍煮,盛入碗中,放上红樱桃装饰即可。

功效解析

　　鸡蛋中的蛋黄含有丰富的卵磷脂、固醇类,以及钙、磷、铁、维生素 A、维生素 D 及 B 族维生素,这些成分对增进孩子的神经系统功能大有裨益。

三圆汤

材料

熟鹌鹑蛋 120 克，话梅肉、桂圆肉各 6 克，红枣 6 颗，盐 3 克，冰糖 4 克，蒜叶碎适量

做法

❶ 将熟鹌鹑蛋去皮洗净；话梅肉、桂圆肉、红枣清理干净备用。

❷ 净锅上火倒入水，调入盐，下入熟鹌鹑蛋、话梅肉、桂圆肉、红枣烧开，调入冰糖煲至熟，撒上蒜叶碎即可。

功效解析

　　桂圆肉含有丰富的蛋白质，含铁量也较高，可在提高能量、营养的同时，促进血红蛋白生成，从而起到补血的作用。桂圆肉能增强记忆力。话梅肉具有消肿解毒、生津止渴的功效。红枣能提高孩子的免疫功能，增强抗病能力。

空心菜肉片汤

材料

空心菜 125 克，猪肉 75 克，水发粉丝 30 克，盐 3 克，生姜片、葱段、红椒圈、食用油各适量

做法

❶ 将空心菜洗净，切成段；猪肉洗净切片；水发粉丝切段备用。

❷ 净锅上火倒入食用油，爆香葱段、生姜片。

❸ 下肉片煸炒至断生，倒入水，调入盐烧开，下入粉丝、空心菜煲至熟，撒上红椒圈。

功效解析

　　空心菜中含有丰富的维生素 C 和胡萝卜素，其维生素含量高于大白菜，这些物质有助于孩子增强体质，防病抗病。空心菜中的大量纤维素可增进肠道蠕动，加速排便，对防治便秘及减少肠道癌变有积极的作用。

石榴梨汁

材料

梨2个，石榴1个，蜂蜜适量

做法

❶ 梨洗净，去皮，切块，少量切片；石榴切开去皮，取石榴果实。

❷ 二者搅打成汁。

❸ 倒入蜂蜜搅拌，装杯加梨片装饰即可。

功效解析

　　石榴是一种浆果，富含矿物质，含有花青素和红石榴多酚两大抗氧化成分，还含有维生素C、亚麻油酸以及叶酸等，能够为孩子的肌肤迅速补充水分；其维生素C含量比苹果、梨高出1~2倍，能够很好地促进孩子的生长发育，提升孩子的抵抗力。

石榴苹果汁

材料

石榴1个，苹果1个，柠檬1个

做法

❶ 剥开石榴的皮，取出果实；将苹果洗净、去核、切块；柠檬洗净，切块状。

❷ 将苹果、石榴、柠檬一起放进榨汁机，榨汁即可。

功效解析

　　苹果含有碳水化合物、蛋白质、脂肪、膳食纤维、多种矿物质、维生素，可补充人体需要的营养，能够促进孩子消化，预防孩子出现便秘。柠檬富含维生素C，对人体发挥的作用犹如天然抗生素，具有抗菌消炎、增强孩子的免疫力等多种功效。

火龙果菠萝汁

材料

火龙果 150 克，菠萝 50 克，冷开水适量

做法

❶ 将火龙果洗净，对半切开后挖出果肉，切成小块。

❷ 将菠萝去皮，洗净后将果肉切成小块。

❸ 把所有的材料放入榨汁机内，高速搅打3分钟即可。

功效解析

　　菠萝中丰富的 B 族维生素能有效地滋养孩子肌肤，防止皮肤干裂，还可滋润头发，同时也可以消除身体的紧张感，增强孩子的免疫力。菠萝蛋白酶能有效分解食物中的蛋白质，促进孩子的肠胃蠕动，有效地预防宝宝便秘。

赤小豆香蕉酸奶

材料

赤小豆 30 克，香蕉 1 根，酸奶 200 毫升，蜂蜜少许

做法

❶ 将赤小豆清洗干净，入锅加水煮熟备用；香蕉去皮，切成小块。

❷ 将赤小豆、香蕉块放入搅拌机中，再倒入酸奶和蜂蜜，搅打成汁即可。

功效解析

　　这道饮品含有丰富的蛋白质、碳水化合物、维生素 A、维生素 C 等多种营养，对孩子的身体和大脑发育都很有益处。酸奶含有丰富的钙和蛋白质等，可以促进孩子的食欲，提高人体对钙的吸收，有助于孩子的骨骼发育。

甜瓜酸奶汁

材料

甜瓜 100 克，酸奶 1 瓶，蜂蜜适量

做法

❶ 将甜瓜清洗干净，去皮，切块，放入榨汁机中榨汁。

❷ 将果汁倒入搅拌机中，加入酸奶、蜂蜜，搅打均匀即可。

功效解析

　　儿童食用酸奶，可以增加营养，提高抗病能力。甜瓜营养丰富，可补充人体所需的能量及营养素，其中富含的碳水化合物及柠檬酸等营养成分，可消暑清热、生津解渴、除烦。每天饮用本品，可以增强孩子的身体抵抗力，促进其生长与发育。

西瓜橙子汁

材料

橙子 100 克，西瓜 200 克，蜂蜜适量，红糖、冰块各少许

做法

❶ 将橙子洗净，切片；西瓜洗净，去皮，取西瓜肉。

❷ 将橙子榨汁，加蜂蜜搅匀；西瓜肉榨汁，加红糖；二者按分层法注入杯中。

❸ 最后加入冰块即可。

功效解析

　　本品具有清热利尿、养阴生津的功效，适合夏热烦渴、哭闹不宁的小儿饮用。西瓜不仅清甜，还具有清热解毒、利尿的功效，非常适合在夏季食用。

山楂饮

材料

乌龙茶 4 克，何首乌 5 克，冬瓜皮 6 克，山楂 5 克

做法

❶ 冬瓜皮、何首乌、山楂洗净，混合，加水煮沸后，去除残渣。

❷ 加入已经冲泡好的乌龙茶，混合均匀，再泡5分钟即成。

功效解析

　　冬瓜皮具有利水消肿、清热解暑的功效；山楂所含的黄酮类和维生素 C、胡萝卜素等物质，能阻断并减少自由基的生成，提高孩子的免疫力，还能开胃消食，特别是对肉食积滞作用更好；何首乌可补肝肾、益精血、润肠通便，还能促进造血功能，提高孩子的免疫力。

天麻钩藤饮

材料

天麻、钩藤各 10 克

做法

❶ 天麻、钩藤洗净，备用。

❷ 将天麻、钩藤放进锅内，加入适量水，煮至水开后，续煮8分钟。

❸ 滤去药渣后即可饮用。

功效解析

　　本品具有平肝潜阳、息风止痉的功效，可用于小儿惊风、癫痫等症的辅助治疗。天麻具有很好的镇静作用，其抗癫痫、抗惊厥的作用显著。

黄连甘草饮

材料
黄连 8 克，甘草、连翘、玄参、玉竹各 5 克，砂糖适量

做法
❶ 将黄连、甘草、连翘、玄参、玉竹洗净，放入炖盅内，然后加入适量清水，用小火蒸煮大约5分钟。
❷ 取汁倒入杯中，加入适量砂糖，搅拌均匀，等稍凉后即可饮用。
❸ 每日3次，温热服用。

功效解析
　　本品有清热泻火、生津止渴的功效，可辅助治疗口腔溃疡、目赤肿痛、热泻腹痛、肺结核、咽喉肿痛等症。小儿上火、咳嗽时，可以用少量本品代替水饮用，具有很好的辅助治疗作用。

苍耳辛夷薄荷饮

材料
苍耳子、辛夷、薄荷各 10 克，连翘、桔梗各 6 克，砂糖适量

做法
❶ 将苍耳子、辛夷、薄荷、连翘、桔梗均洗净，放入锅内，加入适量的清水，大火煮开后，转用小火煮约5分钟。
❷ 取汁倒入杯中，加入适量砂糖，搅拌均匀，稍凉后即可饮用。

功效解析
　　本品清热解毒、宣通鼻窍，对慢性鼻炎引起的鼻塞、流脓涕等症有很好的治疗效果。苍耳子属于常用的中草药，具有散风除湿通窍的功效，泡水喝可以辅助治疗鼻塞、流涕等症。

金银花白芷茶

材料

金银花 15 克，鱼腥草、白芷各 10 克，辛夷 8 克，砂糖适量

做法

❶ 将金银花、鱼腥草、白芷、辛夷分别用清水洗净，备用。

❷ 将洗净的药材放入炖盅内，然后加入适量清水，用小火蒸煮约5分钟。

❸ 取汁倒入杯中，加入适量砂糖，搅拌均匀，稍凉后即可饮用。

功效解析

本品有清热解表、通窍排脓的功效，可辅助治疗风热感冒引起的鼻塞、流黄涕，以及慢性鼻炎、鼻窦炎等症。小儿在感冒期间，饮用本品可以起到辅助治疗的作用。

丹参黄芪饮

材料

丹参 10 克，黄芪 15 克，砂糖适量

做法

❶ 将丹参、黄芪洗净。

❷ 将丹参、黄芪浸泡，切薄片，一同放入锅内，加入水，置大火上烧沸，再用小火煮25分钟，关火，去渣取汁。

❸ 最后加入砂糖调味即可。

功效解析

本品有抑制腮腺炎病毒、凉血化淤的功效，可缓解腮腺肿胀、疼痛的症状。黄芪具有增强机体免疫功能、保肝、利尿的功效，还能清热凉血，和丹参搭配，可以很好地防治腮腺炎。

PART 2

保健又养生,
就是这么任性

手撕兔肉

材料

兔肉300克，食用油6毫升，红椒、葱段、盐、生姜片、八角、醋、熟白芝麻各适量

做法

❶ 兔肉洗净，入沸水中汆烫后，捞出洗去血沫；红椒洗净切圈。

❷ 兔肉入高压锅，加盐、生姜片、八角、醋、水，上火压至软烂，取肉撕成丝。

❸ 起油锅，爆香葱段、熟白芝麻、红椒圈，盛出浇在兔肉上即可。

凉拌苦瓜

材料

苦瓜300克，盐2克，味精1克，醋5毫升，生抽8毫升，圣女果1个

做法

❶ 苦瓜洗净，剖开，去瓤、去籽，切片。

❷ 锅内注水烧沸，放入苦瓜片焯熟后，捞起沥干并装入盘中，圣女果放中间。

❸ 淋入盐、味精、醋、生抽调匀的味汁即可。

西芹炖南瓜

材料

南瓜200克，西芹150克，生姜丝、葱段各10克，盐、味精、水淀粉各适量

做法

❶ 西芹取茎洗净，切菱形片；南瓜去皮、去瓤，洗净，切菱形片。

❷ 将西芹片、南瓜片一起下开水锅中焯水，然后捞出，沥干水分。

❸ 装入砂锅中，中火炖5分钟，下入生姜丝、葱段、盐、味精调味，用水淀粉勾芡即可。

黄芪鲫鱼汤

材料

黄芪 15 克，鲫鱼 1 条，猪瘦肉 200 克，料酒 5 毫升，盐 3 克，生姜片、葱花、胡椒粉、醋各适量

做法

① 鲫鱼处理净；猪瘦肉洗净切小方块；黄芪洗净切段。

② 锅中加水，下黄芪、猪瘦肉、生姜片煮熟。

③ 再下入鲫鱼共煮至熟，加入葱花、料酒、盐、胡椒粉、醋调味即可。

莲子扒冬瓜

材料

冬瓜 200 克，莲子 50 克，扁豆 50 克，盐 3 克，鸡精 2 克，食用油适量

做法

① 冬瓜去皮、去籽洗净，切片；扁豆去头尾，洗净；莲子洗净备用。

② 锅中入水烧开，放入扁豆氽熟，捞出摆盘。

③ 锅中入食用油烧热，放入冬瓜、莲子滑炒片刻，加入盐、鸡精炒匀，加适量清水焖熟，盛入装扁豆的盘中即可。

海带拌土豆丝

材料

土豆 500 克，海带 150 克，蒜、葱、酱油、醋、盐、红椒丝各适量

做法

① 土豆洗净去皮，切成丝，入沸水中焯烫。

② 海带泡开洗净，切成细丝，用沸水稍焯，捞出沥水，放在土豆丝上。

③ 蒜切末，葱切丝，同酱油、醋、盐调在一起，浇入土豆、海带丝中，拌匀，最后撒上红椒丝即可。

石韦蒸鸭

材料

石韦 10 克，鸭肉 300 克，盐、清汤各适量

做法

❶石韦用清水冲洗干净，用纱布袋包好。

❷将包好的纱布袋放入去骨、洗净的鸭肉中，加适量的清汤，一起上笼蒸，蒸40分钟左右，至鸭肉熟烂。

❸捞起纱布袋丢弃，加盐调味即可。

功效解析

　　本品具有清热生津、利水通淋的功效，适合尿路感染、急性肾炎、肾结石等患者食用。石韦能够利水通淋，清肺泻热，治淋痛、尿血、尿路结石、肾炎、崩漏、痢疾、肺热咳嗽、慢性气管炎、金疮、痈疽等症。

芹菜拌黄豆

材料

芹菜100 克，黄豆200 克，干辣椒、盐、味精、醋、生抽、食用油各适量

做法

❶芹菜洗净、切段；黄豆洗净，浸泡；干辣椒洗净，切段。

❷锅内注水烧沸，分别放入芹菜与浸泡过的黄豆焯熟，捞起沥水装盘。

❸干辣椒入油锅中炝香，加盐、味精、醋、生抽拌匀，淋在黄豆、芹菜上，拌匀即可。

功效解析

　　本品纤维素含量丰富，可以利尿、通便。黄豆所含的钙、磷对预防小儿佝偻病、老年人易患的骨质脱钙，以及神经衰弱和体虚者很有帮助；其中所含的铁，不仅量多且容易被人体吸收。

凉拌双笋

材料

竹笋 500 克，莴笋 250 克，海金沙 10 克，盐、味精、砂糖、香油各适量

做法

❶ 竹笋、莴笋去皮洗净，切成滚刀块。

❷ 将竹笋投入开水锅中煮熟，捞出沥干；莴笋于锅中略焯水，捞出沥干水分。

❸ 海金沙洗净，放入锅里，加适量的清水，用大火烧开，煎汁待用。

❹ 双笋都盛入碗内，加入海金沙汁、盐、味精和砂糖拌匀，再淋入香油调味即成。

功效解析

本品可清热利尿、帮助排石、排泄尿酸，适合各种结石病的患者食用。竹笋含有一种含氮物质，具有开胃、促进消化、增进食欲的作用；竹笋甘寒通利，其所含有的植物纤维可以增加肠道水分的储留量，促进胃肠蠕动，降低肠内压力，减少粪便黏度，使粪便变软更易排出，可用于治疗便秘。

小贴士

挑选竹笋时要看壳，外壳色泽鲜黄或淡黄略带粉红，笋壳完整且饱满光洁者质量较好。

排骨煲牛蛙

材料

牛蛙 200 克，排骨 50 克，党参、生姜、红枣各 10 克，盐 3 克，胡椒粉、香油各少许

做法

❶ 牛蛙处理干净，切成块；排骨洗净，剁成块；生姜洗净，切片；党参、红枣洗净。

❷ 瓦煲内注入清水，加入生姜片、牛蛙、排骨、党参、红枣，用中火煲至熟。

❸ 调入盐、胡椒粉，淋上香油即可。

西葫芦干贝肉汤

材料

西葫芦 150 克，猪瘦肉、水发干贝各 80 克，色拉油、盐、香油、葱花、红椒圈各适量

做法

❶ 将西葫芦洗净切片；猪瘦肉洗净切片；水发干贝洗净备用。

❷ 净锅上火倒入色拉油，炝香葱花，下入肉片烹炒，再下入西葫芦稍炒，倒入水，调入盐烧沸，下干贝煲至熟，淋入香油，撒上红椒圈即可。

金钱草煲牛蛙

材料

牛蛙 2 只，金钱草 30 克，盐 5 克

做法

❶ 金钱草用清水洗净，投入砂锅，加入适量清水，用小火约煲 30 分钟后，倒出药汁，除去药渣。

❷ 牛蛙处理干净，斩块，投入砂锅内。

❸ 加入盐与药汁，一同煲至熟烂即可。

赤小豆冬瓜排骨汤

材料
排骨 200 克，冬瓜 120 克，赤小豆 20 克，盐 5 克，葱、生姜各 2 克

做法
1. 排骨用清水洗净，切块；冬瓜去皮、洗净、切块；赤小豆洗净浸泡备用。
2. 将排骨块放入沸水中汆烫，汆去血水后，捞出备用。
3. 锅上火倒入水，下入排骨、冬瓜块、赤小豆烧开，调入盐、葱、生姜煲至成熟即可。

芡实猪肚汤

材料
芡实 100 克，猪肚 500 克，盐适量

做法
1. 猪肚去筋膜，洗净，放入沸水中焯烫，捞出沥干水分，切块备用。
2. 芡实用清水洗净，泡发后备用。
3. 锅洗净，置于火上，将猪肚和芡实一起放入锅中，注入适量清水，煮至猪肚烂熟后加盐调味即可。

玉米须鲫鱼煲

材料
鲫鱼 450 克，玉米须 90 克，莲子 5 克，盐、枸杞子、香菜、生姜片、食用油各适量

做法
1. 将鲫鱼处理干净，在鱼身上打上几刀；玉米须洗净备用；莲子洗净备用。
2. 锅上火倒入食用油，将生姜片炝香，下入鲫鱼略煎，倒入水，加玉米须、莲子、枸杞子煲至熟，调入盐，撒上香菜即可。

茯苓鸽子煲

材料

鸽子 300 克，茯苓 30 克，盐 4 克，生姜片 2 克，枸杞子 5 克，葱花少许

做法

❶ 将鸽子宰杀洗净，斩成块氽水；茯苓、枸杞子洗净备用。

❷ 净锅上火，倒入水，放入生姜片、鸽子、茯苓、枸杞子煲熟，加盐调味，撒上葱花即可。

虫草海马炖鲜鲍

材料

新鲜大鲍鱼 1 只，海马 4 只，鸡肉 500 克，猪瘦肉 200 克，火腿 30 克，冬虫夏草 2 克，生姜 2 片，花雕酒、味精、盐、鸡精、浓缩鸡汁各适量

做法

❶ 海马、鲍鱼、鸡肉洗净，鸡肉剁块；猪瘦肉、火腿均洗净切粒；冬虫夏草洗净。

❷ 所有材料放入锅中，隔水炖 4 个小时即可。

车前草猪肚汤

材料

鲜车前草 30 克，猪肚 130 克，薏米、赤小豆各 20 克，蜜枣 1 颗，盐适量

做法

❶ 鲜车前草、薏米、赤小豆洗净；猪肚翻转，用清水冲净。

❷ 锅中注水烧沸，加入猪肚氽至收缩，捞出切片。

❸ 将砂煲内注入清水，煮沸后加入所有食材，以小火煲 2.5 个小时，加盐调味即可。

姜丝鲈鱼汤

材料

鲈鱼1条，生姜10克，盐5克，葱段少许

做法

① 鲈鱼去鳞、鳃，去内脏，洗净，切成3段。

② 生姜洗净，切丝。

③ 锅中加1200毫升水煮沸，将鱼块、生姜丝、葱段放入煮沸。

④ 转中火煮3分钟，待鱼肉熟嫩时，加盐调味即可。

党参牛膝汤

材料

党参25克，当归、炙杜仲、牛膝各15克，何首乌、制黄精各20克，银耳50克，冰糖适量

做法

① 党参、当归、炙杜仲、牛膝、何首乌、制黄精洗净；银耳以冷水泡发，去蒂。

② 将中药材入锅加水，以小火煎约90分钟，加入银耳，续用小火煲约60分钟。

③ 再加入冰糖溶化即可。

车前子田螺汤

材料

田螺(连壳)1000克，车前子50克，红枣10颗，盐适量

做法

① 先用清水浸养田螺1~2天，频繁换水以漂去污泥，洗净，钳去尾部。

② 车前子装入纱布袋；红枣洗净。

③ 把田螺、纱布袋、红枣一同放入开水锅内，大火煮沸，改小火煲2个小时，捞出纱布袋，调盐即可。

女贞子鸭汤

材料

白鸭 500 克，枸杞子 30 克，熟地黄、山药各 100 克，女贞子 50 克，盐适量

做法

❶ 将白鸭宰杀，去毛及内脏，洗净切块。

❷ 将枸杞子、熟地黄、山药、女贞子洗净，与鸭肉同放入锅中，加适量清水，煮至白鸭肉熟烂。

❸ 最后加入盐调味即可。

功效解析

　　本品具有滋阴补肾、养胃除虚弱的功效，适合肾阴亏虚的男性不育症患者食用。女贞子能补肝肾、乌须明目。现代医学研究认为，女贞子具有抑制幽门螺杆菌的作用，从而可以治疗胃病，还能抑制嘌呤异常代谢，可用于痛风和高尿酸血症的治疗。

海螵蛸鱿鱼汤

材料

鱿鱼 100 克，补骨脂 30 克，桑螵蛸、红枣各 10 克，海螵蛸 50 克，盐、味精、生姜各适量

做法

❶ 将鱿鱼泡发，洗净切片；海螵蛸、桑螵蛸、补骨脂、红枣洗净；生姜洗净切片。

❷ 海螵蛸、桑螵蛸、补骨脂加水煎汁。

❸ 放入鱿鱼、红枣、生姜片，煮至鱿鱼熟后，加盐、味精调味即可。

功效解析

　　本品可温肾益气、固涩止遗，适合肾虚遗精滑泄、夜尿频多的患者食用。鱿鱼中牛磺酸含量较高，而牛磺酸具有调节血糖、降低血液中的胆固醇，以及保肝利胆、防治胆结石的作用。

青螺煲鸭肉

材料

鸭肉半只，鲜青螺肉 200 克，熟火腿 25 克，水发香菇 150 克，白扁豆 30 克，盐、冰糖、葱花、枸杞子各适量，生姜片 10 克

做法

❶ 将鸭肉用清水洗净，汆烫捞出；青螺肉洗净；香菇洗净；白扁豆洗净备用。

❷ 将鸭肉转入砂锅中，加水大火烧开，转小火煲至六成熟时，加盐、冰糖。

❸ 将火腿、香菇洗净，切丁，与青螺肉、白扁豆、生姜片、枸杞子同入砂锅煲至熟烂，撒上葱花即可。

功效解析

　　本品可清热解毒、利湿通淋、益气补虚，适合尿路感染的患者食用。

小贴士

　　香菇以菇肉厚实，菇面平滑，大小均匀，色泽黄褐或黑褐，菇面稍带白霜，菇褶紧实细白，菇柄短而粗壮，干燥，不霉，不碎的为佳；长得特别大的鲜香菇不要吃，因为它们多是用激素催肥的，大量食用可对机体造成不良影响。

红枣羊肉汤

材料

羊肉 300 克，红枣 5 颗，盐 4 克，葱花、香油各适量

做法

❶ 将羊肉洗净，切块。

❷ 红枣洗净备用。

❸ 净锅上火倒入水，调入盐，下入羊肉、红枣，煲至熟，撒上葱花，淋上香油即可。

冬瓜排骨汤

材料

排骨 300 克，冬瓜 500 克，盐适量，葱花、生姜各 5 克

做法

❶ 冬瓜去皮去籽，切块状；生姜洗净切片。

❷ 排骨洗净斩件，汆水去浮沫，洗净备用。

❸ 排骨、冬瓜、生姜片同时下锅，加清水煮30~45分钟，加盐，撒葱花，再焖数分钟即可。

赤小豆炖鲫鱼

材料

鲫鱼 1 条，赤小豆 500 克，车前子 10 克，盐 3 克

做法

❶ 将鲫鱼处理干净；赤小豆、车前子洗净，备用。

❷ 将鲫鱼、赤小豆、车前子放入锅内，加2000~3000毫升水清炖。

❸ 炖至鱼熟豆烂，加盐调味即可。

螺肉煲西葫芦

材料

田螺肉300克，西葫芦125克，高汤、枸杞子、盐各适量

做法

❶ 田螺肉洗净；西葫芦去皮洗净，切方块，备用。

❷ 净锅上火倒入高汤，下入西葫芦、田螺肉、枸杞子煲至熟，加盐调味即可。

冬瓜红枣鲤鱼汤

材料

茯苓25克，红枣10颗，枸杞子15克，鲤鱼450克，冬瓜200克，生姜片、盐各适量

做法

❶ 茯苓、红枣分别洗净，放入锅中。

❷ 鲤鱼洗净，去骨、刺，取鱼肉切片。

❸ 冬瓜去皮切块，和生姜片、枸杞子、鱼骨一起放入锅中，加入水，用小火煮至冬瓜熟透，放入鱼片煮沸，加盐调味即可。

薏米瓜皮鲫鱼汤

材料

鲫鱼250克，冬瓜皮60克，薏米30克，生姜3片，盐、香油各适量

做法

❶ 将鲫鱼剖洗干净，去内脏，去鳃；冬瓜皮、薏米分别洗净。

❷ 将鲫鱼、冬瓜皮、薏米、生姜片放进汤锅内，加适量清水，盖上锅盖。

❸ 用中火烧开，转小火再煲1个小时，加盐调味，淋上香油即可。

牛鞭汤

材料

牛鞭1副，生姜1块，盐适量

做法

❶ 牛鞭切段，放入沸水中汆烫，捞出洗净；生姜洗净，切片。

❷ 将牛鞭、生姜片放入锅中，加水至盖过材料，以大火煮开后，转小火慢炖约30分钟。

❸ 起锅前加盐调味即成。

黑豆鸡腿汤

材料

胡椒粒15克，黑豆100克，鸡腿150克，盐5克

做法

❶ 将鸡腿剁块，放入沸水中汆烫，捞出洗净；胡椒粒洗净。

❷ 将黑豆淘净，和鸡腿、胡椒粒一道放入锅中，加水至盖过材料，大火煮开，转小火续炖40分钟，加盐调味即可。

当归牛尾虫草汤

材料

当归30克，冬虫夏草2克，牛尾1条，猪瘦肉100克，盐适量

做法

❶ 猪瘦肉洗净，切大块；当归用水略冲；冬虫夏草洗净。

❷ 牛尾去毛，洗净，切成段。

❸ 将以上所有材料一起放入砂锅内，加适量清水，待猪瘦肉煮熟，调入盐即可。

绿豆牛蛙汤

材料

牛蛙 300 克，绿豆、海带各 50 克，盐 5 克，鸡精 3 克

做法

❶ 牛蛙处理干净，去皮，切段，汆水；绿豆洗净，浸泡；海带洗净，切片，浸泡。

❷ 锅中放入牛蛙、绿豆、海带，加入清水，以小火慢炖。

❸ 待绿豆熟烂之后，调入盐和鸡精即可。

党参马蹄猪腰汤

材料

猪腰 200 克，马蹄 150 克，盐 6 克，党参、料酒、食用油各适量

做法

❶ 猪腰洗净，剖开，切去白色筋膜，切片，用适量料酒、食用油、盐拌匀。

❷ 马蹄洗净去皮。

❸ 马蹄、党参放入锅内，加水适量，大火煮开后改小火煮30分钟，加入猪腰再煲10分钟，加盐调味即可。

杜仲鹌鹑汤

材料

鹌鹑 1 只，杜仲 20 克，山药 100 克，枸杞子 25 克，红枣 8 颗，生姜 5 片，盐 5 克

做法

❶ 鹌鹑洗净去内脏，剁成块。

❷ 将杜仲、枸杞子、山药、红枣、生姜片分别洗净。

❸ 把以上用料放入锅内，加水适量，大火煮开后，小火煲3个小时，加盐调味即可。

苦瓜牛蛙汤

材料

牛蛙 250 克，苦瓜 200 克，冬瓜 100 克，清汤适量，盐 3 克，生姜片、枸杞子各 3 克

做法

❶ 将苦瓜去籽，洗净，切厚片，用盐水稍泡；冬瓜洗净，切片备用。

❷ 牛蛙处理干净，斩块，汆水备用。

❸ 净锅上火倒入清汤烧开，下生姜片、枸杞子、牛蛙、苦瓜、冬瓜煲至熟，加盐调味即可。

功效解析

　　本品具有清热利尿、祛湿消肿等功效。苦瓜具有清热消暑、养血益气、补肾健脾、滋肝明目的功效，还能滋润皮肤，特别是在容易燥热的夏天，在皮肤上敷上冰过的苦瓜片，能很好地解除燥热感。

螺片玉米须黄瓜汤

材料

海螺 2 个，黄瓜 100 克，玉米须 30 克，食用油 10 毫升，葱段、生姜丝各 3 克，香油 2 毫升，盐、枸杞子各少许

做法

❶ 将海螺去壳洗净，切成大片；玉米须洗净；黄瓜洗净切丝备用。

❷ 炒锅上火倒入食用油，将葱段、生姜丝炝香，倒入水，下入黄瓜、玉米须、螺片，调入盐、枸杞子烧沸，淋入香油即可。

功效解析

　　本品可以清热利尿、滋阴生津，适合肝肾阴虚型慢性肾炎患者食用。玉米须有显著增加胆汁分泌和促进胆汁排泄的作用，它还能明显降低胆固醇以及血糖。

车前子空心菜猪腰汤

材料

车前子 150 克，猪腰 1 只，空心菜 100 克，生姜片少许，盐 5 克，味精 2 克

做法

❶ 车前子用清水洗净，加水 800 毫升，煎至 400 毫升即可。

❷ 猪腰、空心菜用清水分别洗净；猪腰切片；空心菜切段。

❸ 将猪腰、空心菜放入车前子水中，加入生姜片和盐，继续煮至熟，入味精即可。

功效解析

本品具有补肾壮腰、利水通淋的功效，适合肾气亏虚的慢性肾炎患者食用。猪腰含有蛋白质、脂肪、碳水化合物、钙、磷、铁和维生素等，有健肾补腰之功效。可用于治疗肾虚腰痛、水肿等症。

小贴士

挑选猪腰首先看表面有无出血点，有则不正常。其次看形体是否比一般猪腰大和厚，如果又大又厚，应仔细检查是否是病猪的猪腰，是则不要购买。

甲鱼芡实汤

材料
甲鱼 300 克，芡实 10 克，枸杞子 5 克，红枣 4 颗，盐、生姜片各适量

做法
1. 将甲鱼处理干净，斩块，汆水。
2. 芡实、枸杞子、红枣洗净备用。
3. 净锅上火倒入水，调入盐、生姜片，下入甲鱼、芡实、枸杞子、红枣煲至熟即可。

五子下水汤

材料
鸡心、鸡肝、鸡胗各 50 克，菟蔚子、蒺藜子、覆盆子、车前子、菟丝子各 10 克，生姜丝、葱丝、盐各适量

做法
1. 鸡内脏洗净切片；菟蔚子、蒺藜子、覆盆子、车前子、菟丝子洗净，入纱布袋扎紧。
2. 锅中加水，放入纱布袋煮20分钟。
3. 捞弃纱布袋，放入鸡内脏、生姜丝、葱丝，大火煮熟，加盐调味即可。

桑螵蛸鸡汤

材料
桑螵蛸10克，红枣8颗，鸡腿1只，鸡精2克，盐3克，枸杞子适量

做法
1. 鸡腿剁块，放入沸水汆烫，捞起冲净；桑螵蛸、红枣洗净。
2. 鸡腿肉、桑螵蛸、红枣、枸杞子一起盛入煲中，加适量水以大火煮开，转小火续煮30分钟。
3. 加入鸡精、盐调味即成。

泽泻薏米瘦肉汤

材料

猪瘦肉 60 克，泽泻 30 克，薏米 10 克，盐 3
克，味精 2 克

做法

❶ 猪瘦肉洗净，切片；泽泻、薏米洗净。

❷ 把以上材料放入锅内，加适量清水，大火
煮沸后转小火煲1~2个小时，拣去泽泻，调
入盐和味精即可。

海底椰瘦肉汤

材料

水发海底椰 100 克，猪瘦肉 75 克，太子参片
5 克，高汤、盐、红椒圈各适量

做法

❶ 将水发海底椰洗净切片；猪瘦肉洗净切薄
片；太子参片洗净备用。

❷ 净锅上火倒入高汤，调入盐，下入水发海
底椰、肉片、太子参片烧开，撇去浮沫，
煲至熟，撒上红椒圈即可。

黄芪枸杞炖乳鸽

材料

黄芪 30 克，枸杞子 30 克，乳鸽 200 克，盐、
香油各适量

做法

❶ 将乳鸽去毛及内脏，洗净，斩件；黄芪、
枸杞子洗净，备用。

❷ 将乳鸽与黄芪、枸杞子同放炖盅内，加适
量水，隔水炖熟。

❸ 加盐调味，淋上香油即可。

六味地黄鸡汤

材料

鸡腿150克,熟地黄30克,茯苓、泽泻各20克,山茱萸、山药、丹皮各10克,红枣8颗,盐适量

做法

❶ 鸡腿剁块,放入沸水中氽烫,捞出洗净。

❷ 将鸡腿和所有药材一起放入炖锅,加1200毫升水以大火煮开。

❸ 转小火慢炖30分钟,调入盐即成。

参芪泥鳅汤

材料

党参20克,泥鳅250克,猪瘦肉100克,红枣、黄芪、食用油、盐、香菜、姜片各适量

做法

❶ 泥鳅处理干净,用沸水略烫,入油锅煎熟。

❷ 猪瘦肉洗净,切块,氽水;党参、黄芪、红枣分别洗净。

❸ 将适量清水放入瓦煲内,煮沸后加入以上准备好的材料及姜片,大火煲沸后改用小火煲2个小时,加盐和香菜调味即可。

龙骨牡蛎鸭汤

材料

鸭肉600克,龙骨、牡蛎、蒺藜子、莲须各10克,芡实、莲子各50克,盐3克

做法

❶ 鸭肉洗净,入沸水中氽烫;将莲子、芡实洗净。

❷ 将蒺藜子、莲须、龙骨、牡蛎洗净,与鸭肉、莲子、芡实一起放入煮锅中,加适量水至没过所有材料,以大火煮沸,再转小火续炖40分钟左右,加盐调味即可。

莲子百合煲瘦肉

材料

莲子 50 克，百合 20 克，猪瘦肉 250 克，盐适量

做法

❶ 将莲子去心洗净；百合洗净；猪瘦肉洗净，切片。

❷ 将莲子、百合、猪瘦肉放入锅中，加适量水，置小火上煲至熟。

❸ 以盐调味即可。

佛手胡萝卜马蹄汤

材料

胡萝卜100 克，佛手瓜 75 克，马蹄 35 克，盐、生姜末、香油、食用油、胡椒粉各适量

做法

❶ 将胡萝卜、佛手瓜、马蹄分别洗净，均切丝备用。

❷ 净锅上火，倒入食用油，将生姜末爆香，下入胡萝卜、佛手瓜、马蹄煸炒，调入盐、胡椒粉烧开，淋入香油即可。

肉豆蔻山药炖乌鸡

材料

乌鸡 500 克，肉豆蔻、山茱萸、山药片各 10 克，葱白、生姜、盐、味精各适量

做法

❶ 乌鸡洗净，除去内脏，斩件；肉豆蔻、山茱萸、山药片、葱白分别洗净，备用。

❷ 将肉豆蔻、山茱萸、山药片、葱白、生姜、乌鸡放入砂锅内，加清水炖熟烂。

❸ 再加适量盐、味精调味即可。

木瓜车前草猪腰汤

材料

木瓜 50 克，鲜车前草 40 克，猪腰 140 克，生姜 3 克，盐适量

做法

❶ 木瓜洗净，去皮切块；鲜车前草洗净；猪腰洗净后剖开，剔除中间的白色筋膜；生姜洗净切片。

❷ 将木瓜、车前草、猪腰、生姜片一同放入砂煲内，加水煲沸后改小火煲煮2个小时，加入盐调味即可。

功效解析

　　本品有清热利水、补肾消肿的功效，对湿热蕴结以及肾气虚弱型尿路结石患者有很好的食疗作用。木瓜中含有一种酶，能消化蛋白质，有利于人体对食物进行消化和吸收。

苦瓜海带瘦肉汤

材料

苦瓜 150 克，海带 100 克，猪瘦肉 150 克，盐、味精各适量

做法

❶ 苦瓜洗净，切成两半，挖去瓤，切块；海带浸泡1个小时，洗净；猪瘦肉切成小块。

❷ 把苦瓜、猪瘦肉、海带放入砂锅中，加适量清水，煲至猪瘦肉烂熟。

❸ 调入适量的盐、味精即可。

功效解析

　　本品具有排毒瘦身、清热泻火、通便利水的功效，适合糖尿病、高血压、肥胖症等患者食用。

鲫鱼炖西蓝花

材料

鲫鱼1条，西蓝花100克，枸杞子10克，生姜、食用油、盐各适量

做法

❶ 将鲫鱼宰杀，去鳞、鳃及内脏，用清水洗净；西蓝花去粗梗洗净，掰成朵；生姜洗净切片备用。

❷ 煎锅上火，下油烧热，用生姜片炝锅，放入鲫鱼煎至两面呈金黄色，最后加入适量水，下西蓝花煮至熟，撒入适量的枸杞子，用适量盐调味即成。

功效解析

此菜可降血糖、利水消肿、防癌抗癌，糖尿病患者常食，可改善全身不适症状。西蓝花属于高纤维蔬菜，能有效降低胃肠对葡萄糖的吸收，进而降低血糖，可以有效控制糖尿病的发展。

小贴士

新鲜鲫鱼眼睛略凸，眼球黑白分明，不新鲜的则是眼睛凹陷，眼球浑浊。身体扁平、色泽偏白的鲫鱼，肉质比较鲜嫩。不宜买体型过大、颜色发黑的鲫鱼。

当归苁蓉炖羊肉

材料

核桃仁、肉苁蓉、桂枝各 15 克，黑枣 6 颗，羊肉 250 克，当归 10 克，山药 25 克，盐适量，生姜 3 片，米酒少许

做法

❶ 羊肉洗净，入沸水氽烫去除血水和羊膻味，备用。

❷ 将所有材料放入锅中，加水适量，大火煮开后转小火，煮至羊肉熟烂即可。

乌鸡银耳煲枸杞

材料

乌鸡 300 克，银耳 100 克，枸杞子 10 克，味精、食用油、盐、生姜各适量

做法

❶ 将乌鸡处理干净斩块，氽水备用；银耳洗净摘成小朵备用；枸杞子浸泡洗净。

❷ 净锅上火倒入食用油，下入生姜炝香，加入水，调入盐、味精，下入银耳、乌鸡、枸杞子煲至成熟即可。

杜仲狗肉煲

材料

狗肉 500 克，杜仲 10 克，盐、黄酒各适量，生姜片、香菜叶各 5 克

做法

❶ 狗肉洗净，斩块，氽熟；杜仲洗净浸透。

❷ 将狗肉、杜仲、生姜片放入煲中，加入清水、黄酒煲 2 个小时。

❸ 调入盐，撒上香菜叶即可。

龟肉鱼鳔汤

材料

肉桂 15 克，龟肉 150 克，鱼鳔 30 克，盐、味精各适量

做法

❶ 先将龟肉洗干净，切成小块；鱼鳔洗去腥味，切碎；肉桂洗净，备用。

❷ 将龟肉、鱼鳔、肉桂同入砂锅，加适量水，大火烧沸后，用小火慢炖。

❸ 待肉熟后，加入盐、味精调味即可。

鸡肉炖萹蓄

材料

鸡肉 200 克，萹蓄 20 克，料酒适量，盐 5 克

做法

❶ 鸡肉洗净，切块。

❷ 萹蓄洗净，滤干，放入纱布袋内，扎紧袋口，与鸡肉一同放入砂锅内。

❸ 加入料酒和适量清水，先用大火煮沸，再用小火慢炖，以鸡肉熟烂为度，加盐调味即可。

银耳西红柿汤

材料

干银耳 20 克，西红柿 150 克，盐适量

做法

❶ 将银耳用温水泡发，去杂质洗净，撕碎。

❷ 西红柿洗净，切块。

❸ 在锅内加适量水，大火煮开，再放入银耳、西红柿块，煮熟加盐调味即成。

茯苓西瓜汤

材料

西瓜、冬瓜各 500 克，茯苓 15 克，红枣 5 颗，盐适量

做法

❶ 将冬瓜、西瓜的表皮洗净，切成块；红枣洗净。

❷ 茯苓洗净，备用。

❸ 锅内加入清水，煮沸后加入冬瓜、西瓜、茯苓、红枣，用大火煲开后，改用小火煲 1 个小时，加盐调味即可。

西瓜绿豆鹌鹑汤

材料

西瓜 400 克，绿豆 50 克，鹌鹑 2 只，生地黄、党参各 10 克，生姜、盐各适量

做法

❶ 鹌鹑洗净；生姜洗净切片；西瓜连皮洗净切块；绿豆洗净，浸泡 1 个小时左右；生地黄、党参洗净备用。

❷ 将 1800 毫升水放入瓦煲内，煮沸后加入西瓜、绿豆、鹌鹑、生地黄、党参、生姜片，小火煲 2 个小时，加盐调味即可。

冬瓜三宝汤

材料

冬瓜肉 300 克，冬瓜皮 50 克，冬瓜籽 50 克，生姜 2 片，老玉米须 25 克

做法

❶ 将冬瓜籽剁碎；冬瓜肉切块。

❷ 将老玉米须中的灰尘杂质洗净后，装入纱布袋中备用。

❸ 将所有材料加入 750 毫升水煮开，改小火煮 20 分钟，滤汤取饮，食冬瓜肉即可。

首乌核桃羹

材料

大米 70 克，薏苡仁 30 克，红枣、何首乌、熟地黄、核桃仁各适量，盐 3 克

做法

❶ 大米、薏苡仁泡发洗净；红枣洗净，去核；核桃仁洗净；何首乌、熟地黄均洗净，煎汁备用。

❷ 锅上火，加适量水，倒入煮好的药汁，放入大米、薏苡仁，以大火煮至米粒开花。

❸ 放红枣、核桃仁煮至浓稠，加盐拌匀。

赤小豆麦片粥

材料

赤小豆 30 克，燕麦片 20 克，大米 70 克，砂糖 4 克

做法

❶ 大米、赤小豆均泡发洗净；燕麦片洗净。

❷ 锅置火上，倒入清水，放入大米、赤小豆用大火煮开。

❸ 加入燕麦片同煮至浓稠状，调入砂糖拌匀即可。

银耳枸杞汤

材料

银耳 50 克，枸杞子 20 克，薏米 20 克，砂糖 5 克，水淀粉适量

做法

❶ 将银耳泡发后洗净；枸杞子、薏米泡发洗净备用。

❷ 再将泡软的银耳切成小朵。

❸ 锅中加水烧开，下入银耳、枸杞子、薏米煮至熟，用水淀粉勾薄芡，调入砂糖即可。

红枣柏子小米粥

材料

小米 100 克，红枣 10 颗，柏子仁 15 克，砂糖少许

做法

❶ 红枣、小米洗净，分别放入碗内泡发；柏子仁洗净备用。

❷ 砂锅洗净，置于火上，将红枣、柏子仁放入锅内，加水煮熟后转小火。

❸ 最后加入小米共煮成粥，至黏稠时加砂糖搅拌即可。

功效解析

　　本品具有健脾养心、益气利水的功效，适合心神不宁、失眠多梦的梦遗患者食用。柏子仁甘润，有润肠通便的功效，搭配红枣熬粥，可以静心安神，补中益气。

核桃海金粥

材料

核桃仁 10 个，桃仁 15 克，海金沙 15 克，大米 100 克

做法

❶ 核桃仁、桃仁分别洗净捣碎；海金沙用纱布包好。

❷ 加水 600 毫升，煮 20 分钟后，去掉海金沙，入大米煮粥。

❸ 每日早晚空腹温热服食。

功效解析

　　本品具有补肾益气、活血化淤、消石排石的作用，适合肾结石、尿路结石等患者食用。大米米糠层的粗纤维分子，有助胃肠蠕动，对胃病、便秘、痔疮等有很好的食疗效果。

薏米黄芪粥

材料

薏米、大米各 50 克，黄芪 8 克，盐 2 克，葱适量

做法

❶ 大米、薏米均泡发洗净；黄芪洗净切片备用；葱洗净，切成葱花。

❷ 锅置火上，倒入清水，放入大米、薏米、黄芪，以大火煮开。

❸ 转小火煮至浓稠，调入盐拌匀，撒上葱花拌匀即可。

功效解析

　　黄芪具有双向调节血糖的作用，能改善糖耐量异常，增强胰岛素敏感性。黄芪还具有降低血液黏稠度、减少血栓形成、降低血压、保护心脏、抗自由基损伤、抗衰老、抗肿瘤、增强机体免疫力的作用。

枸杞佛手粥

材料

枸杞子、佛手各 3 克，大米 100 克，砂糖 5 克，葱花适量

做法

❶ 大米洗净，下入冷水中浸泡半个小时后捞出沥干水分；佛手洗净切碎；枸杞子洗净，用温水泡软备用。

❷ 锅中倒入清水，放入大米，以大火煮开。

❸ 加入佛手、枸杞子煮至浓稠状，调入砂糖拌匀，撒上葱花即可。

功效解析

　　此粥可疏肝理气、滋阴润燥、清热利尿。枸杞子可调节机体免疫功能，能有效抑制肿瘤生长和细胞突变，具有延缓衰老、调节血脂和血糖、促进造血功能等作用。

马蹄茅根茶

材料

鲜马蹄、鲜茅根各 100 克，砂糖少许

做法

❶ 鲜马蹄、鲜茅根洗净切碎。

❷ 鲜马蹄、鲜茅根入沸水煮20分钟左右，去渣留汤。

❸ 加砂糖适量，饮服。

功效解析

　　本品具有凉血止血、利尿通淋的作用，可用于尿道刺痛、排尿不畅、肾结石、尿路结石等症的辅助治疗。马蹄具有清热化痰、开胃消食、生津润燥、明目醒酒的功效。马蹄煮水对小便淋沥涩痛的患者具有很好的食疗效果，它还是治疗癌症的辅助食品。

荷叶甘草茶

材料

鲜荷叶 100 克，甘草、白术、桑叶各 5 克

做法

❶ 将荷叶洗净，切碎；甘草、白术、桑叶洗净备用。

❷ 将甘草、白术、桑叶、荷叶加水煮10分钟左右。

❸ 滤渣后饮用。

功效解析

　　本品具有清心安神、降糖降脂、清热利尿等功效，可缓解糖尿病患者伴五心烦热、口渴多饮、失眠多梦等症状。荷叶含有莲碱、荷叶碱等多种生物碱及维生素 C，具有清热解毒、凉血止血的作用，可用于暑热烦渴、脾虚少食、腹泻等症。

通草车前子茶

材料

通草、车前子、玉米须各 5 克，砂糖 15 克

做法

❶ 将通草、车前子、玉米须洗净，盛入锅中，加350毫升水煮茶。

❷ 大火煮开后，转小火续煮15分钟。

❸ 最后加入砂糖即成。

功效解析

本品清泻湿热、通利小便，可治尿道炎，小便涩痛、困难、短赤等症。玉米须具有利尿消肿、平肝利胆的功效，有显著增加胆汁分泌和促进胆汁排泄的作用，能使胆汁内有机物和杂质减少，使黏稠度、杂质比重和胆红素含量降低。

金钱草茶

材料

金钱草 20 克，红花 10 克，蜂蜜适量

做法

❶ 将金钱草、红花洗净备用。

❷ 锅内加入清水适量，放入金钱草、红花，以大火煮开后，转小火煮5分钟即可。

❸ 倒出药茶，待其稍凉后，加入蜂蜜调匀即可饮用。

功效解析

本品具有清热利尿、活血化淤的功效，非常适合气滞血淤型尿路结石的患者饮用。金钱草除含有蛋白质、无机盐、维生素外，还含有酚性成分、黄酮类、苷类、鞣质、挥发油、氨基酸、胆碱、内醇、氯化钾、类脂等成分。

三金茶

材料
鸡内金 10 克，金钱草 20 克，海金沙 25 克，冰糖 10 克

做法
❶ 将海金沙用纱布包好，与鸡内金、金钱草一起放入锅中，加水500毫升。
❷ 以大火煮沸后，再转小火煮10分钟左右。
❸ 去纱布包加入冰糖即可。

功效解析
　　本品具有清湿热、利小便、排结石的功效，对湿热蕴结型尿路结石患者有很好的食疗作用。海金沙能清热解毒、利水通淋，可辅助治疗尿路感染、尿路结石、白浊带下、小便不利、肾炎水肿、湿热黄疸、感冒发热、咳嗽、咽喉肿痛、肠炎、痢疾、烫伤、丹毒等症。

威灵仙牛膝茶

材料
威灵仙 10 克，牛膝 12 克，车前子 5 克，砂糖适量

做法
❶ 先将威灵仙、牛膝、车前子洗净。
❷ 锅置于火上，倒入600毫升水，烧开。
❸ 再将开水倒入杯中，冲泡威灵仙、牛膝、车前子，加盖闷10分钟左右，加砂糖调匀即可。

功效解析
　　本品具有祛风除湿、活络通经、利尿通淋的功效，适合湿热痹阻、痰淤阻滞型痛风患者食用。威灵仙味辛、咸、微苦，性温；具有祛风除湿、通络止痛的功效，可用于治疗风寒湿痹、腰膝冷痛、肢体麻木、筋骨拘挛、脚气肿痛、胸膈痰饮等症。

桑葚猕猴桃奶

材料

桑葚 80 克，猕猴桃 1 个，牛奶 150 毫升

做法

❶ 将桑葚洗干净备用。

❷ 猕猴桃洗干净，去掉外皮，切成大小适合的块。

❸ 将桑葚、猕猴桃放入果汁机内，加入牛奶搅拌均匀即可。

功效解析

　　本品具有增加锌含量、利尿生津的功效，适合前列腺炎患者饮用。桑葚可以增强免疫力，具有明目、缓解疲劳的功效，适量食用，可以促进胃液的分泌，可生津止渴、促进消化、帮助排便，搭配酸奶食用，还具有利尿的功能。

西瓜汁

材料

西瓜 200 克，包菜 20 克，柠檬 1/4 个

做法

❶ 将西瓜去皮，去籽；包菜洗净，均匀切成大小适当的块。

❷ 柠檬洗净，切片。

❸ 将西瓜、包菜、柠檬放入榨汁机内搅打成汁，滤出果肉即可。

功效解析

　　本品具有清热利尿、消炎止痛的功效，适合尿道涩痛、排尿不畅的膀胱癌患者饮用。西瓜具有清热解暑、泻火除烦、降血压等作用，对贫血、咽喉干燥、唇裂，以及膀胱炎、肝腹水、肾炎患者均有一定疗效。

西红柿西瓜西芹汁

材料

西红柿 100 克，西瓜 200 克，西芹 50 克

做法

① 将西红柿洗净，去皮并切块。

② 西瓜洗净去皮，切成薄片。

③ 西芹撕去老皮，洗净并切成小块。

④ 将所有材料放入榨汁机中，一起搅打成汁，滤出果肉即可饮用。

功效解析

　　本品具有清热解暑、利尿通便、降糖降压的功效，适合湿热痹阻型痛风患者饮用。番茄红素具有独特的抗氧化能力，能清除自由基，保护细胞，使脱氧核糖核酸免遭破坏，能阻止癌变进程。西红柿除了对前列腺癌有预防作用外，还能减少胰腺癌、直肠癌、喉癌、口腔癌、肺癌、乳腺癌等癌症的发病率。

樱桃西红柿汁

材料

柳橙 150 克，樱桃 300 克，西红柿 100 克

做法

① 将柳橙洗净、对半剖开，榨汁。

② 再将樱桃洗净，西红柿洗净切成小块，一起放入榨汁机内榨成汁。

③ 以滤网过滤残渣，最后和柳橙汁混合搅拌即可。

功效解析

　　本品具有解渴利尿、祛风除湿的功效，尤其适合暑热烦渴、风湿病、痛风等患者饮用。樱桃不仅热量低，还含蛋白质、糖、磷、铁、胡萝卜素及维生素 C 等，其中铁含量较高，具有很好的通便效果及造血功能。

马齿苋荠菜汁

材料

鲜马齿苋、鲜荠菜各 100 克

做法

❶ 把鲜马齿苋、鲜荠菜去杂洗净，在温开水中浸泡30分钟，取出后连根切碎，放到榨汁机中，榨成汁。

❷ 把榨好的马齿苋、荠菜渣用适量温开水浸泡10分钟，重复绞榨取汁，合并两次的汁，用纱布过滤。

❸ 把滤后的马齿苋、荠菜汁放在锅里，用小火煮沸即可。

功效解析

　　本品可利湿泻火，对急性前列腺炎、尿路感染均有疗效。马齿苋含有大量的钾盐，有良好的利水消肿作用；钾离子还可直接作用于血管壁上，使血管壁扩张，从而降低血压。

玉米须燕麦黑豆浆

材料

黑豆 50 克，燕麦 20 克，玉米须 10 克

做法

❶ 将黑豆、燕麦用清水泡软，捞出洗净；玉米须洗净，剪碎。

❷ 将上述材料一起放入豆浆机中，加水至上下水位线之间，搅打成生豆浆。

❸ 将豆浆烧沸后，滤去渣即可饮用。

功效解析

　　本品具有促进胰岛素分泌、降低血糖的功效，糖尿病患者经常饮用可有效控制血糖升高。黑豆皮为黑色，含有花青素，花青素是很好的抗氧化剂，能清除体内自由基，其抗氧化效果好，可养颜美容，增加肠胃蠕动。

竹叶茅根饮

材料

鲜竹叶、白茅根各 15 克

做法

❶ 鲜竹叶、白茅根洗净。

❷ 将鲜竹叶、白茅根放入锅中，加水 750 毫升，煮开后改小火煮 20 分钟。

❸ 滤渣取汁饮。

功效解析

　　本品具有凉血止血、清热利尿的功效，可用于小便涩痛、排出不畅，或尿血伴腰酸胀痛及前列腺炎等症的食疗。竹叶本身就具有清热除烦、生津利尿的功效，可直接泡水饮用，饮用时也可以加入少许蜂蜜调味，因为蜂蜜具有清热润燥的效果，长期饮用对人体大有裨益。

通草海金沙茶

材料

通草、车前子、海金沙、玉米须各 10 克，砂糖 15 克

做法

❶ 先将海金沙用纱布包好。

❷ 与洗净的通草、车前子、玉米须一起放入锅中，加 500 毫升水煮茶。

❸ 大火煮开后，转小火续煮 15 分钟。

❹ 最后加入砂糖即成。

功效解析

　　本品具有清湿热、利小便、排结石的功效，对湿热下注型尿路结石患者有很好的食疗作用。通草主治小便不利、诸淋涩痛、水肿、黄疸、产后乳少、乳汁不下、目昏耳聋、鼻塞失音、经闭带下等症。

PART 3

变幻无穷，
吃出新花样

蒜蓉丝瓜

材料

丝瓜500克，猪瘦肉100克，蒜末、红椒、鸡精、酱油、葱、盐、醋、食用油各适量

做法

❶ 丝瓜去皮洗净，切段摆盘；猪瘦肉洗净切末；红椒洗净切圈；葱洗净切花。

❷ 锅中入食用油烧热，入蒜末、红椒爆香后，放入肉末略炒，加盐、鸡精、酱油、醋调味，炒至八成熟后，淋在摆好的丝瓜上，撒上葱花，入蒸锅蒸熟即可。

清炒红薯丝

材料

红薯200克，盐3克，鸡精2克，葱花3克，食用油适量

做法

❶ 红薯去皮后，放入清水中清洗干净，切丝备用。

❷ 锅洗净，置于火上，下入食用油烧热，放入红薯丝炒至八成熟，加盐、鸡精炒匀。

❸ 待熟装盘，撒上葱花即可。

豌豆拌豆腐丁

材料

豌豆100克，胡萝卜100克，豆腐100克，盐3克，醋、香油各适量

做法

❶ 将胡萝卜、豆腐洗净，切丁；豌豆洗净。

❷ 把胡萝卜、豌豆放入沸水中焯熟后控水，与豆腐一起放在盘中。

❸ 加盐、醋、香油拌匀即可，拌的时候要小心，以免弄碎豆腐。

香菇炒冬瓜

材料

干香菇 10 朵，冬瓜 500 克，海米、生姜丝、盐、味精、水淀粉、香油、红椒圈、食用油各适量

做法

❶ 香菇泡发，洗净切丝；冬瓜去皮、籽，洗净挖成球状。

❷ 锅中入食用油烧热，爆香生姜丝后放入香菇丝，倒入清水，放入洗净的海米煮开。

❸ 放入冬瓜球煮熟，加盐、味精调味，加水淀粉勾芡，淋上香油，撒上红椒圈即可。

三色芹菜

材料

干黑木耳、干银耳各 25 克，芹菜茎、胡萝卜、黑芝麻、白芝麻、生姜、盐、砂糖、香油各适量

做法

❶ 黑木耳、银耳以温水泡开、洗净，芹菜切段，胡萝卜刻花；上述材料均氽烫捞起。

❷ 将黑芝麻、白芝麻以香油爆香，拌入所有食材并熄火起锅，最后加入盐、砂糖腌渍 30 分钟即可。

附子蒸羊肉

材料

鲜羊肉 1000 克，附子 30 克，葱段、生姜丝、料酒、肉清汤、盐、熟猪油、味精、胡椒粉各适量

做法

❶ 将羊肉洗净切片，氽去血水；附子洗净。

❷ 取一个大碗，依次放入羊肉、附子、葱段、生姜丝、料酒、肉清汤、盐、熟猪油、味精、胡椒粉，拌匀。

❸ 再放入沸水锅中，隔水蒸熟即可。

清蒸武昌鱼

材料

武昌鱼 800 克，火腿片 30 克，鸡汤少许，盐 5 克，味精 2 克，胡椒粉 5 克，料酒 15 毫升，生姜片、葱丝、红椒丝各 20 克

做法

❶ 鱼身洗净，两侧剞花刀，抹盐和料酒腌渍。

❷ 火腿片与生姜片置于鱼身内，装好盘后，将鱼上笼蒸约15分钟。

❸ 鸡汤烧沸，加味精，淋在鱼身上，然后再撒上适量胡椒粉、葱丝、红椒丝即可。

凉拌海藻丝

材料

海藻 350 克，盐、味精各 3 克，红椒圈、香油各适量

做法

❶ 将海藻洗净，切丝。

❷ 海藻丝与适量的红椒圈（红椒圈的分量可按照个人口味调整）一同放入开水锅中焯水后捞出，调入盐、味精拌匀，再淋入适量香油即可。

辣椒炒兔肉

材料

兔肉 200 克，辣椒 150 克，生姜丝、葱丝各 10 克，盐 3 克，鸡精 2 克，食用油适量

做法

❶ 兔肉洗净，切丝；辣椒洗净，去籽切丝。

❷ 热锅入食用油，将兔肉丝、辣椒丝分别放入油锅中过一下油，捞出沥干油。

❸ 再起油锅，先下生姜丝、葱丝爆香，再放入兔肉丝与辣椒丝一起炒匀，加盐、鸡精调好味即可。

洋葱炒芦笋

材料

洋葱150克，芦笋200克，盐、味精、食用油各适量

做法

❶ 芦笋洗净，切成斜段；洋葱洗净，切成片，备用。

❷ 锅中加水烧开，下入芦笋段稍焯后捞出，沥干水分备用。

❸ 锅中加食用油烧热，下入洋葱、芦笋炒熟，最后下入盐和味精炒匀即可。

油菜炒黑木耳

材料

油菜300克，黑木耳200克，盐3克，鸡精1克，食用油适量

做法

❶ 将油菜洗净，切段；黑木耳泡发，洗净，撕成小朵。

❷ 锅置火上，注入食用油烧热，放入油菜略炒，再加入黑木耳一起翻炒至熟。

❸ 最后加入盐和鸡精调味，起锅装盘即可。

南瓜炒洋葱

材料

洋葱、南瓜各100克，醋6毫升，盐、砂糖、生姜丝、蒜末、食用油、胡椒粉各适量

做法

❶ 南瓜去皮，洗净切块；洋葱剥去老皮，洗净切圈。

❷ 锅置火上，加食用油烧热，先炒香生姜丝、蒜末，再放入洋葱和南瓜翻炒。

❸ 调入盐、醋、砂糖、胡椒粉，翻炒均匀即可出锅。

虾皮炒西葫芦

材料

西葫芦 300 克，虾皮 100 克，盐 3 克，酱油、食用油各适量

做法

❶ 将西葫芦洗净，切片备用；虾皮洗净。

❷ 锅洗净，置于火上，加入适量清水烧沸，放入西葫芦焯烫片刻，捞起，沥干水备用。锅中加食用油烧热，放入虾皮炸至金黄色，捞起。

❸ 锅中留油，将西葫芦和虾皮倒入锅中，翻炒，再调入酱油和盐，炒匀即可。

功效解析

　　虾皮中含有丰富的镁元素，镁对心脏活动具有重要的调节作用，能很好地保护心血管系统，可减少血液中的胆固醇含量，对于预防动脉硬化、高血压及心肌梗死有一定的作用。

银鱼炒苦瓜

材料

银鱼干 200 克，苦瓜 300 克，盐 3 克，鸡精 2 克，料酒 5 毫升，砂糖、食用油各适量

做法

❶ 将银鱼干洗净晾干；苦瓜洗净后切片，用盐腌一下，有助于去除苦味。

❷ 热锅入食用油，放入银鱼干炸香捞出。

❸ 锅内留适量油，加入准备好的苦瓜片炒熟，然后放适量的盐、鸡精、砂糖、料酒调味，再加入准备好的银鱼干炒匀即成。

功效解析

　　银鱼属于高蛋白、低脂肪食品，且富含多种氨基酸，对保持血管弹性、维持血管正常生理功能，以及防治高血压、脑血管意外、冠心病等具有积极作用。本品尤其适合肝火旺盛型高血压患者食用。

花椒猪蹄冻

材料

花椒 15 克，猪蹄 500 克，盐 5 克，香油 10 毫升

做法

❶ 将猪蹄剔去骨头，洗净，切小块，放入锅中，加入花椒。

❷ 加入适量清水至盖过材料，以大火煮开，加盐调味，转小火慢煮约1个小时，至汤汁浓稠。

❸ 将汤汁倒入方形容器内，待冷却即成冻。切块后淋上少许香油，即可食用。

功效解析

　　猪蹄对经常四肢疲乏，腿部抽筋、麻木，消化道出血，失血性休克及缺血性脑病患者有一定辅助疗效，它还有助于青少年生长发育和减缓中老年女性骨质疏松的速度。本品具有温中健胃、祛寒保暖的功效，适合坐骨神经痛、冻疮、畏寒怕冷、四肢冰凉的寒证患者食用。

小贴士

　　挑选猪蹄时，过白、发黑等颜色不正的不要买；经过化学物质处理的，或者腐烂变质的，有刺激性味道或有臭味的都不要购买。

灯心草百合炒芦笋

材料

鲜百合 150 克，芦笋 75 克，白果 50 克，益智仁 10 克，灯心草 5 克，盐 4 克，食用油 5 毫升

做法

❶ 将益智仁、灯心草洗净，煎药汁备用。

❷ 将百合洗净泡软；芦笋洗净，切斜段；白果洗净。

❸ 炒锅内倒入食用油加热，放入百合、芦笋、白果翻炒，倒入药汁煮约3分钟，加入盐调味即可食用。

功效解析

　　本品可清心除烦、益智安神，适宜心肾不交、心火旺盛型的神经衰弱患者食用。

百合红枣鸽肉汤

材料

鸽子 200 克，水发百合 25 克，红枣 4 颗，盐 2 克，葱花、生姜片各 2 克

做法

❶ 将鸽子宰杀洗净，斩块氽烫；水发百合、红枣均洗净备用。

❷ 净锅上火倒入水，调入盐、葱花、生姜片，下入鸽子、水发百合、红枣，大火烧开后，转小火煲至熟即可。

功效解析

　　本品具有益气养血、宁心安神的功效，适合气血两虚型的心律失常患者食用。百合具有养心安神、润肺止咳的功效，对病后虚弱的人大有裨益。

白萝卜丹参猪骨汤

材料

猪骨 500 克，白萝卜、胡萝卜各 100 克，丹参 10 克，盐 3 克，葱花 10 克

做法

❶ 猪骨洗净，砸开；白萝卜去皮，洗净，切块；胡萝卜洗净，切块；丹参洗净。

❷ 猪骨和白萝卜、胡萝卜、丹参放入高压锅内，加适量水，压阀炖30分钟。

❸ 放盐调味，撒上葱花即可。

功效解析

　　本品适合心脑血管疾病和高血压患者食用。丹参可以促进血管的微循环，防止血栓的形成；白萝卜具有辅助治疗高血压的作用。

香菇花生牡蛎汤

材料

干香菇 25 克，花生仁 40 克，牡蛎 100 克，猪瘦肉 200 克，食用油 10 毫升，生姜 2 片，盐 3 克

做法

❶ 干香菇剪去蒂，洗净泡发；花生仁洗净；牡蛎洗净，汆烫；猪瘦肉洗净、切块。

❷ 炒锅下食用油、牡蛎、生姜片，将牡蛎爆炒至微黄，盛出。

❸ 将2000毫升水放入瓦煲内，煮沸后放入香菇、花生仁、牡蛎、猪瘦肉，大火煮沸后改小火煲3个小时，加盐调味即可。

功效解析

　　本品可滋阴疏风、安神定惊，适合肝阳上亢型的心律失常患者食用。牡蛎入锅之前最好先用清水浸泡，以洗净泥沙。

天麻地龙炖牛肉

材料

牛肉 500 克，天麻、地龙各 10 克，盐、生姜片、酱油、料酒、香菜、食用油各适量

做法

❶ 牛肉洗净切块，入锅加水烧沸，捞出牛肉，牛肉汤待用；天麻、地龙洗净。

❷ 锅中入食用油烧热，加生姜片煸香，加酱油、料酒和水烧沸，调入盐，再放入牛肉、天麻、地龙同炖至肉烂，最后撒上香菜即可。

桂参红枣猪心汤

材料

桂枝 15 克，党参 10 克，红枣 6 颗，猪心半个，盐 3 克

做法

❶ 猪心入沸水中汆烫，捞出，冲洗，切片。

❷ 桂枝、党参、红枣洗净，盛入锅中，加 3 碗水以大火煮开，转小火续煮 30 分钟。

❸ 再转中火让汤汁沸腾，放入猪心片，待水再开，加盐调味即可。

参归山药猪腰汤

材料

猪腰 1 个，人参、当归各 10 克，山药 30 克，盐、香油、生姜丝各适量

做法

❶ 猪腰剖开去除筋膜，洗净，在背面用刀划斜纹，切片；山药洗净去皮，切片；人参、当归洗净备用。

❷ 人参、当归放入砂锅中，加水煮 10 分钟。

❸ 再加入猪腰片、山药，煮熟后加盐、香油、生姜丝即可。

三七二仁乳鸽汤

材料

三七8克，酸枣仁10克，柏子仁8克，乳鸽1只，桂圆肉2颗，盐少许

做法

❶ 将乳鸽洗净、剁块，放入沸水汆烫，待3分钟后捞起、冲净，沥水。

❷ 三七、酸枣仁、柏子仁分别洗净备用。

❸ 将所有材料一同放入锅中，加水适量，以大火煮开，转小火续炖至乳鸽熟烂即可。

当归桂圆鸡肉汤

材料

鸡大胸肉175克，桂圆肉10颗，当归5克，盐4克，葱段2克，生姜片3克

做法

❶ 将鸡大胸肉洗净切块；桂圆肉洗净；当归洗净备用。

❷ 汤锅上火倒入水，调入盐、葱段、生姜片，下入鸡大胸肉、桂圆肉、当归煲至熟即可食用。

双仁菠菜猪肝汤

材料

猪肝200克，菠菜2棵，酸枣仁、柏子仁各10克，盐5克

做法

❶ 猪肝洗净切片；菠菜去头，洗净，切段。

❷ 将酸枣仁、柏子仁装在纱布袋内，扎紧；将纱布袋入锅加4碗水熬高汤，熬至约剩3碗水，丢弃纱布袋，留汤。

❸ 猪肝汆烫后捞出，和菠菜一起加入药汤中，待水一开即熄火，加盐调味即成。

鸽肉莲子汤

材料

鸽子1只，莲子60克，红枣25克，盐4克，味精2克，生姜片5克，食用油适量

做法

❶ 鸽子洗净后切成块备用；莲子、红枣分别放入清水中泡发，洗净备用。

❷ 将鸽肉块放入沸水中氽去血水，捞出沥干。

❸ 热锅入食用油，用生姜片爆锅，下入鸽肉块稍炒，加适量清水，下入红枣、莲子一起炖35分钟至熟，放盐和味精调味即可。

功效解析

本品可改善高血压患者体虚、头晕、贫血等症状，降低血液的黏稠度，预防动脉硬化、冠心病等各种心脑血管疾病的发生。莲子和红枣具有补益气血、养心安神、健脾补肾的功效，同时还能降低血压和胆固醇。

莲子乌鸡山药煲

材料

乌鸡200克，鲜香菇45克，山药35克，莲子10颗，盐、葱花、生姜片、枸杞子、芹菜梗粒各适量

做法

❶ 将乌鸡洗净斩块，放入沸水中氽烫。

❷ 鲜香菇洗净切片备用；山药去皮洗净后，切块备用；莲子泡发，去莲心，洗净备用。

❸ 锅入水，下入生姜片、乌鸡、鲜香菇、山药、枸杞子、莲子，大火烧沸后转小火煲至熟，加盐调味，撒上葱花与芹菜梗粒即可。

功效解析

莲子和山药都具有降低血压和胆固醇的作用，同时还能养心安神、健脾补肾。香菇是优质的高钾食物，具有"植物皇后"的美称，对高血压、冠心病等患者大有益处。

龟板杜仲猪尾汤

材料

龟板 25 克，炒杜仲 30 克，猪尾 600 克，盐 4 克

做法

① 猪尾剁段洗净，氽烫捞起，再冲净一次。

② 龟板、炒杜仲冲净。

③ 将上述材料放入炖锅，加6碗水以大火煮开，转小火炖40分钟，加盐调味。

功效解析

　　本品具有益肾健骨、壮腰强筋的功效，适合坐骨神经痛、腰膝酸痛等患者食用。杜仲能增强肾上腺皮质功能，增强机体免疫功能；有镇静、镇痛和利尿作用；有一定强心作用；能使子宫自主收缩减弱，对子宫收缩药有抵抗作用；有较好的降压作用，能减少胆固醇的吸收，以炒杜仲的煎剂为最好。

香菇枣仁甲鱼汤

材料

甲鱼 500 克，酸枣仁 10 克，香菇、腊肉、豆腐皮、上海青、盐、生姜各适量

做法

① 甲鱼处理干净，焯去血水；生姜洗净切片；酸枣仁、豆腐皮洗净；香菇洗净对半切；腊肉切片。

② 将甲鱼放入瓦煲中，加生姜片、酸枣仁，煲至甲鱼熟烂，加盐调味，将香菇、腊肉、豆腐皮、上海青下入煮熟即可。

功效解析

　　本品有软坚散结、养心安神的功效，可调节中枢神经，改善甲亢患者症状。甲鱼富含动物胶、维生素 D 等营养成分，能够增强身体的抗病能力及调节人体的内分泌功能，也是提高母乳质量、增强婴儿免疫力的滋补佳品。

山楂猪脊骨汤

材料

猪脊骨150克，鲜山楂50克，黄精5克，清汤、盐、生姜片、豌豆各适量

做法

❶ 将山楂用清水洗净后，去核备用；猪脊骨用清水洗净后，斩块，汆水洗净备用；黄精洗净。

❷ 净锅上火倒入清汤，调入盐、生姜片、黄精烧开30分钟。

❸ 再下入猪脊骨、山楂、豌豆煲至熟即可。

山药黄精炖鸡

材料

黄精30克，山药100克，鸡肉1000克，盐4克

做法

❶ 将鸡肉洗净，切块；黄精洗净；山药去皮洗净。

❷ 把鸡肉、黄精、山药一起放入炖盅。

❸ 隔水炖熟，下入盐调味即可。

红腰豆煲鹌鹑

材料

南瓜200克，鹌鹑1只，红腰豆50克，盐、味精、生姜片、高汤、香油、食用油各适量

做法

❶ 将南瓜去皮、籽，洗净切滚刀块；鹌鹑洗净剁块焯水备用；红腰豆洗净。

❷ 炒锅上火，倒入食用油，将生姜片炝香，下入高汤，调入盐、味精，加入鹌鹑、南瓜、红腰豆煲至熟，淋入香油即可。

牡蛎酸菜汤

材料
牡蛎肉175克，酸白菜丝150克，粉丝30克，盐3克，葱段、红椒丝各少许

做法
① 将牡蛎肉洗净；酸白菜丝洗净，用清水浸泡10分钟。
② 粉丝泡发，切段备用。
③ 净锅上火，加入适量清水，下入牡蛎肉、酸白菜丝、粉丝煮至熟，加盐调味，撒上葱段、红椒丝即可。

鲍鱼参杞汤

材料
鲍鱼2个，猪瘦肉150克，西洋参片12片，枸杞子30克，盐适量

做法
① 将鲍鱼杀好，洗净；猪瘦肉洗净，切块；西洋参片、枸杞子均洗净。
② 将准备好的所有材料放入炖盅内，加适量开水，盖上盅盖，隔水用中火蒸1个小时（鲍鱼要烹透，不能吃半生不熟的）。
③ 炖至熟后，调入盐即可。

薏米南瓜浓汤

材料
薏米35克，南瓜150克，洋葱60克，奶油5克，盐3克，奶精少许

做法
① 薏米洗净，入果汁机打成薏米泥。
② 南瓜、洋葱洗净切丁，入果汁机打成泥。
③ 锅烧热，将奶油融化，将南瓜泥、洋葱泥、薏米泥倒入锅中，煮开并化成浓汤状后加盐，再淋上奶精（呈笑脸状）即可。

当归黄芪乌鸡汤

材料

当归15克，黄芪10克，红枣8颗，乌鸡1只，盐、枸杞子各适量

做法

❶ 将乌鸡洗净、剁块，放入沸水中氽烫，3分钟后捞起、冲净，沥水。

❷ 黄芪、当归、红枣、枸杞子分别洗净。

❸ 将所有材料放入锅中，加水适量，以大火煮开，转小火续炖至乌鸡熟烂即可。

功效解析

本品具有补气养血、养心安神的功效，可用于气血亏虚所致的心悸失眠、心律不齐、短气疲乏等症的辅助治疗。当归具有补血活血、润肠通便的良好功效，可以很好地顺通人体内部。用于缓解血虚萎黄、眩晕心悸等症，可以治疗虚寒腹痛、肠燥便秘、风湿痹痛等症。

猪肝汤

材料

猪肝300克，小白菜段100克，盐3克，米酒、淀粉、香油、生姜丝各适量

做法

❶ 猪肝洗净，切片，沾淀粉后氽烫，捞出。

❷ 烧开3杯水，水开后投入小白菜、盐、生姜丝，最后再把猪肝加入稍沸熄火。

❸ 淋上米酒及香油即可。

功效解析

本品具有补血养肝、增强肝脏的藏血功能的作用，可缓解肝血亏虚引起的两目干涩、面色苍白等症状。肝脏是动物体内储存养料和解毒的器官，含有丰富的营养物质，具有营养保健功能。猪肝中铁质丰富，是补血食品中最常用的食物。

酒酿红枣蛋

材料

鸡蛋 2 个，甜酒酿 10 毫升，枸杞子 5 克，红枣 4 颗，红糖 10 克

做法

❶ 鸡蛋放入开水中煮熟，剥去外壳；红枣、枸杞子洗净。

❷ 红枣、枸杞子放入锅中，加入2碗水煮沸，转小火煮至剩约1碗水。

❸ 加入鸡蛋、甜酒酿、红糖，稍煮即可。

功效解析

  本品有保护血管、使血管软化、降低血压的作用，可以预防和辅助治疗高血压、动脉硬化等；红枣中黄酮类、芦丁含量较高，有降血压、软化血管的作用；甜酒可活血化淤，促进血液循环，能预防动脉粥样硬化；枸杞子也能平肝降压。

红枣桃仁羹

材料

红枣 100 克，大米 200 克，桃仁 15 克，砂糖 10 克

做法

❶ 将大米用清水泡发洗净；红枣、桃仁洗净，备用。

❷ 将大米放进砂锅中，加水煮沸后转小火熬煮至浓稠，再加入红枣、桃仁同煮。

❸ 快煮好时再加入砂糖，煲煮片刻即可。

功效解析

  本品中红枣含有可保护血管的黄酮类，还含有可使血管软化、降低血压的芦丁；桃仁有增大动脉血流量、降低血管阻力的作用，可有效预防和辅助治疗高血压、动脉硬化等。

归芪乌鸡汤

材料

乌鸡1只，当归、黄芪各15克，盐适量

做法

❶ 乌鸡洗净，剁块，放入沸水中汆烫，3分钟后捞起，冲净，沥水。

❷ 当归、黄芪分别洗净，备用。

❸ 乌鸡和当归、黄芪一道入锅，加6碗水，以大火煮开，转小火续炖25分钟，煮至乌鸡肉熟烂，以盐调味即可。

山楂瘦肉汤

材料

山楂15克，猪瘦肉200克，食用油、生姜、葱、鸡汤、盐各适量

做法

❶ 把山楂洗净；猪瘦肉洗净，去血水，切片；生姜洗净，拍松；葱洗净，切段。

❷ 把锅置中火上烧热，加入食用油，烧至六成热时，下入生姜、葱爆香，加入鸡汤，烧沸后下入猪瘦肉、山楂、盐，用小火炖50分钟即成。

百合白果鸽子煲

材料

鸽子1只，水发百合30克，白果10颗，盐、葱段各适量

做法

❶ 将鸽子洗干净，斩块，汆水；水发百合洗净；白果洗净备用。

❷ 净锅上火倒入水，下入鸽子、水发百合、白果煲至熟，加盐、葱段调味即可。

天麻川芎鱼头汤

材料

鲢鱼头半个，干天麻5克，川芎5克，盐4克，枸杞子3克，香菜梗段适量

做法

❶ 将鲢鱼头处理干净，斩块；干天麻、川芎洗净，浸泡备用。

❷ 净锅上火倒入水，下入鲢鱼头、天麻、川芎、枸杞子煲至熟。

❸ 最后加盐调味，撒上香菜梗段即可。

独活羊肉汤

材料

山药200克，独活、桂枝各10克，羊肉125克，胡萝卜75克，盐、葱花、红椒圈各适量

做法

❶ 将独活、桂枝洗净，放入纱布袋中。

❷ 将山药去皮洗净切块；羊肉洗净切块汆水；胡萝卜去皮洗净切块备用。

❸ 煲锅上火入水，下入以上材料，调入盐，煲至熟后将纱布袋取出，撒上葱花、红椒圈即可。

桂圆百合炖乳鸽

材料

桂圆肉15克，百合30克，乳鸽2只，盐、味精各适量

做法

❶ 将乳鸽宰杀后去毛和内脏，洗净。

❷ 乳鸽与桂圆、百合同放碗内，加适量沸水。

❸ 再上笼隔水炖熟，加盐、味精调味后饮汤食肉。

赤小豆薏芡炖鹌鹑

材料

鹌鹑2只，猪肉100克，赤小豆25克，薏米、芡实各12克，生姜3片，盐、味精各适量

做法

❶ 鹌鹑处理干净，斩块；猪肉洗净切粗条。

❷ 赤小豆、薏米、芡实用热水浸透并洗净。

❸ 将鹌鹑、猪肉、赤小豆、生姜片、薏米、芡实放进炖盅，加水1500毫升，大火煮开后改小火炖2个小时，趁热加入盐、味精调味即可。

功效解析

　　本品清热解毒、消脂保肝，适合脂肪肝、动脉硬化患者食用。芡实主要有补脾固肾、补气涩精的作用，是一种药用与食用价值都很高的食物，可以与多种食物搭配，效果都很好，最适宜秋季进补用。

党参牛尾汤

材料

牛尾1条，牛肉250克，牛筋100克，红枣50克，党参40克，当归、枸杞子各30克，黄芪、盐各适量

做法

❶ 将牛筋、牛肉洗净，切块；牛尾洗净，斩成段；红枣、黄芪、党参、当归、枸杞子洗净备用。

❷ 将所有材料放入锅中，加适量水至盖过所有的材料。

❸ 用大火煮沸后，转小火煮2个小时左右，至熟透后即可。

功效解析

　　本品有补肾养血、养心护脑的功效，适于肾气虚弱、腰膝酸软疼痛的患者食用。

鸭肉炖黄豆

材料

鸭半只，黄豆 200 克，上汤 750 毫升，夜交藤 10 克，生姜片 5 克，盐、味精各适量

做法

1. 将鸭处理干净，斩块；黄豆、夜交藤均洗净，备用。
2. 锅中加入适量清水，大火煮开，将鸭块与黄豆一起放入锅中汆水后捞出。
3. 上汤倒入锅中，放入鸭块、黄豆、夜交藤、生姜片，以大火烧开，转小火炖上1个小时后，加盐、味精调味即可。

功效解析

本品能调整情绪、养心安神，可改善绝经期女性失眠、心悸、月经紊乱的症状。黄豆中的大豆蛋白和豆固醇能明显地降低血脂和胆固醇，从而降低患心血管疾病的概率。大豆脂肪富含不饱和脂肪酸和大豆磷脂，有保持血管弹性、健脑和防止脂肪肝形成的作用。

小贴士

挑选黄豆时，应先观察黄豆的外皮色泽，外皮色泽光亮、皮面干净、颗粒饱满且整齐均匀，就是好黄豆。

五灵脂红花炖鱿鱼

材料

五灵脂9克,红花6克,鱿鱼200克,生姜5克,
葱5克,盐5克,料酒10毫升

做法

❶ 将五灵脂、红花洗净;鱿鱼洗净,切块;
生姜洗净,切片;葱洗净,切段。

❷ 把鱿鱼放在蒸盆内,加入盐、料酒、生姜
片、葱段、五灵脂和红花,加适量清水。

❸ 把蒸盆置于蒸笼内,用大火蒸35分钟左
右,至熟即成。

栗子羊肉汤

材料

羊肉150克,栗子30克,枸杞子20克,盐5克,
香油适量

做法

❶ 将羊肉洗净,切块。

❷ 将栗子去壳,用清水洗净后切块;枸杞子
洗净,备用。

❸ 锅内加适量水,放入羊肉块、栗子块、枸
杞子,大火烧沸,改用小火煮20分钟,调
入盐,淋上香油即成。

山茱萸丹皮炖甲鱼

材料

甲鱼1只,山茱萸30克,牡丹皮、枸杞子、
干山药片、葱段、姜片、盐、鸡精各适量

做法

❶ 将山茱萸、牡丹皮放入锅内,加水煎煮20
分钟,滤渣取汁;甲鱼处理干净,剁块;
干山药片、枸杞子洗净。

❷ 砂锅入水和药汁,放入甲鱼、葱段、姜
片、山药、枸杞子小火炖1个小时,放入
盐、鸡精调味即可。

麦枣桂圆汤

材料

小麦 25 克，葵花子 20 克，红枣 5 颗，桂圆肉 10 克，冰糖适量

做法

❶ 将红枣洗净，用温水稍浸泡。

❷ 小麦、葵花子、桂圆肉均分别用清水洗净，备用。

❸ 将小麦、红枣、桂圆肉、葵花子、冰糖同入锅中，加水煮汤即可。

枸杞鱼片汤

材料

枸杞子 10 克，草鱼 150 克，决明子 20 克，生姜 5 克，盐适量

做法

❶ 生姜切丝；枸杞子用温水泡软备用。

❷ 将枸杞叶、决明子洗净，放在纱布袋中。

❸ 鱼肉洗净切片，同生姜丝、纱布袋煮沸。

❹ 用小火炖煮40分钟，放入枸杞子，加入适量盐调味即可。

银耳杜仲汤

材料

银耳 2 朵，杜仲 20 克，灵芝 10 克，红枣 5 颗，枸杞子 8 克，砂糖适量

做法

❶ 杜仲和灵芝洗净，加清水煎煮三次，取汁。

❷ 银耳用冷水泡发，去蒂，撕成小朵备用。

❸ 将杜仲、灵芝的药汁煮沸，倒入银耳、红枣和枸杞子。

❹ 小火炖至银耳呈胶状，然后调入适量的砂糖，搅拌均匀即可。

生地黄煲龙骨

材料

龙骨500克，生地黄20克，生姜、盐、味精各适量

做法

❶ 龙骨洗净，斩成小段；生地黄洗净；生姜去皮，切成片。

❷ 将龙骨放入炒锅中炒至断生，捞出备用。

❸ 取一炖盅，放入龙骨、生地黄、生姜片和适量清水，隔水炖60分钟，加盐、味精调味即可。

百合乌鸡汤

材料

乌鸡1只，百合30克，大米、葱、生姜、盐各适量

做法

❶ 将乌鸡洗净斩件，氽水；百合洗净；生姜洗净、切片；葱洗净、切段；大米洗净。

❷ 锅中加入适量清水，下入乌鸡、百合、生姜片、大米炖煮2个小时，下入葱段，加盐调味即可。

红枣核桃乌鸡汤

材料

乌鸡250克，红枣8颗，核桃仁5克，盐3克，生姜片5克，香菜梗段、枸杞子各适量

做法

❶ 将乌鸡宰杀洗净，斩块氽水。

❷ 红枣、核桃仁洗净备用。

❸ 净锅上火倒入水，调入盐、生姜片，下入乌鸡、红枣、核桃仁、枸杞子煲至熟，撒上香菜梗段即可。

冬瓜竹笋汤

材料

素肉块35克，冬瓜200克，竹笋100克，黄柏、知母各10克，盐、香油各适量

做法

1. 将素肉块泡软，沥干备用；将冬瓜洗净，切块备用；将竹笋洗净，备用。
2. 黄柏、知母均洗净，放入纱布袋中，和600毫升清水一起放入锅中，以小火煮沸。
3. 加入素肉块、冬瓜、竹笋混合煮沸，取出纱布袋，加入盐、香油调味即可。

菠萝甜汤

材料

菠萝250克，砂糖60克

做法

1. 将菠萝去皮，洗净，切成片。
2. 锅中加水300毫升，放入菠萝片，大火煮沸，转小火熬煮20分钟。
3. 最后调入砂糖，搅拌均匀即成。

三七煮鸡蛋

材料

三七10克，鸡蛋2个，盐、葱花各适量

做法

1. 将三七用清水洗净备用。
2. 锅洗净，置于火上，将三七放入锅中，加入适量清水，煮片刻。
3. 最后打入鸡蛋，煮至熟，再调入盐，撒上葱花即可。

丹参山楂粥

材料

丹参 20 克，干山楂 30 克，大米 100 克，冰糖 5 克，葱花少许

做法

❶ 大米洗净，放入水中浸泡；干山楂用温水浸泡后洗净。

❷ 丹参洗净，用纱布袋装好扎紧封口，放入锅中加清水熬汁。

❸ 锅置火上，放入大米煮至七成熟，放入山楂，倒入丹参汁煮至粥将成，放冰糖调匀，撒葱花便可。

功效解析

此粥可活血化淤、降压降脂、消食化积，适合淤血阻滞型的冠心病患者食用。

党参白术茯苓粥

材料

红枣 3 颗，薏米适量，白术、党参、茯苓各 15 克，甘草 5 克，盐适量

做法

❶ 将红枣、薏米洗净，红枣去核。

❷ 将白术、党参、茯苓、甘草洗净，煎取药汁 200 毫升。

❸ 锅中加入薏米、红枣，以大火煮开，加入药汁，再转入小火熬煮成粥，加入适量盐调味即可。

功效解析

本品具有振奋心阳、化气利水、宁心安神的功效，适合水气凌心型的心律失常患者食用。

核桃莲子黑米粥

材料

黑米 80 克，莲子、核桃仁各适量，砂糖 4 克

做法

❶ 黑米泡发洗净；莲子去心；核桃仁洗净。

❷ 锅中倒入清水，放入黑米、莲子煮开。

❸ 加入核桃仁同煮至浓稠状，调入砂糖拌匀即可。

功效解析

　　本品具有养心安神、补脑益智的功效，适合心律失常、失眠健忘的患者食用。黑米具有滋阴补肾、健身暖胃、明目活血的功效，其营养成分聚集在黑色皮层当中，所以不适宜精细加工。经常食用黑米，有利于防治大便秘结、小便不利、肾虚水肿、食欲不振、脾胃虚弱等症。

桂枝莲子粥

材料

大米 100 克，桂枝 20 克，莲子 30 克，地龙 10 克，砂糖 5 克

做法

❶ 大米淘洗干净，用清水浸泡；桂枝洗净，切小段；莲子、地龙洗净备用。

❷ 锅置火上，注入清水，放入大米、莲子、地龙、桂枝熬煮至米烂。

❸ 放入砂糖稍煮，调匀即可。

功效解析

　　此粥具有温通经络、息风止痉的作用，适合风痰阻络的脑梗死、中风患者食用。莲心还有很好的祛心火的功效，可用于治疗口舌生疮，还有助于睡眠。莲子含有丰富的蛋白质、脂肪、碳水化合物、钙、磷和钾，有益心补肾、健脾止泻、固精安神的作用。

丁香绿茶

材料

丁香 3 克，绿茶 3 克，蜂蜜少许

做法

❶ 将少许丁香、绿茶洗净放入杯中。

❷ 用开水冲泡30秒，然后倒出茶水留茶叶。

❸ 再加入开水浸泡，盖上盖子闷1~2分钟后，加入蜂蜜搅匀即可饮用。

功效解析

本品具有抵抗病毒、消炎止痛的功效，适合心肌炎患者食用。丁香具有健胃的作用，可缓解腹部胀气，增强消化能力，减轻恶心呕吐症状，丁香中的丁香酚是抗击胃溃疡的主要成分。蜂蜜具有滋养、清润的作用，还可以保护皮肤。将本品当作日常茶饮，具有很好的保健作用。

防风苦参饮

材料

防风、苦参各 5 克，蜂蜜适量

做法

❶ 防风、苦参洗净，备用。

❷ 将防风、苦参放入锅中，加入适量清水大火煮开，转小火煎煮5分钟即可关火，去渣取汁。

❸ 加入蜂蜜调味即可。

功效解析

本品有抵抗病毒、消炎止痛的功效，适合心肌炎以及风湿性心脏病患者饮用。蜂蜜具有很好的营养功效。若不喜欢蜂蜜的口味，也可以用冰糖来代替蜂蜜，具有很好的清热功效。

丹参赤芍生地黄饮

材料

赤芍 15 克，生地黄 15 克，丹参 10 克，甘草 3 克

做法

❶ 将赤芍、生地黄、丹参、甘草洗干净，放入锅中。

❷ 锅中加水700毫升，大火煮开后转小火续煮10分钟即可关火。

❸ 滤去药渣，留汁，分两次服用。

功效解析

　　本品具有清热解毒、活血化淤的功效，对心肌炎有一定疗效。如果不想留有药材渣，也可以找干净的纱布把所有洗净的药材包起来，放进锅里煮，煮好后，捞出纱布袋，稍微澄清即可饮用。

玫瑰香附茶

材料

香附 10 克，玫瑰花 10 克，柴胡 5 克，冰糖 10 克

做法

❶ 玫瑰花洗净，沥干。

❷ 香附、柴胡以清水冲净，加2碗水熬煮约5分钟，滤渣，留汁。

❸ 将备好的药汁再烧热时，放入玫瑰花，加入冰糖，搅拌均匀，待冰糖全部溶化、药汁变黏稠时即可。

功效解析

　　此茶饮可理气解郁、活血散淤，适合肝郁气滞型冠心病患者饮用。玫瑰有理气、活血等功效，可预防急慢性传染病、冠心病、肝部疾病等症。

决明子苦丁茶

材料

炒决明子、牛膝、苦丁茶各 5 克，砂糖适量

做法

❶ 将炒决明子、牛膝、苦丁茶洗干净，放进杯中。

❷ 加入沸水冲泡10分钟。

❸ 加入砂糖调味即可。

功效解析

　　本品可清热泻火、降压降脂，可预防高血压、高脂血症、脑血管硬化、冠心病等症。苦丁茶中含有人体必需的多种氨基酸、维生素及锌、锰等微量元素，具有降血脂、增加冠状动脉血流量、改善心肌供血、散风热、清头目、除烦渴的作用。

桃仁苦丁茶

材料

苦丁茶 8 克，桃仁 6 克

做法

❶ 将苦丁茶清洗干净，放入容器内再倒入适量沸水。

❷ 再放入洗净的桃仁，然后加盖闷10分钟左右即可。

❸ 本品可以代茶，频频饮用。

功效解析

　　本品具有清肝泻火、活血通脉的功效，对高血压、高脂血症、脑血管硬化、冠心病等病均有疗效。肾虚、肺虚、神经衰弱、气血不足、癌症患者应该多食桃仁。此茶尤其适合脑力劳动者和青少年饮用。

绞股蓝茶

材料

绞股蓝 15 克，冰糖少许

做法

❶ 绞股蓝洗净，备用。

❷ 将绞股蓝放入壶中，冲入沸水，盖上盖子闷10分钟。

❸ 最后加入冰糖搅拌至溶化即可饮用。本品可反复冲泡至茶味渐淡。

功效解析

　　本品具有益气养血、降低血压的功效，适合高血压引起的脑梗死患者饮用。绞股蓝茶对人体有很好的益处，取绞股蓝叶腋部位的嫩芽和龙须泡茶，汤色清澈，可连续冲泡 4～6 杯，并且汤色不减，具有植物生长点所含营养物质而带来的保健功能。

玫瑰夏枯草茶

材料

玫瑰 8 克，夏枯草 10 克，蜂蜜适量

做法

❶ 玫瑰、夏枯草分别用清水洗净，然后一起放进杯碗中。

❷ 往杯碗中注入适量沸水，加盖闷泡5分钟左右。

❸ 最后加入蜂蜜调味即可饮用。

功效解析

　　本品具有行气解郁、清肝明目的作用，可调节内分泌，缓和甲亢引起的情绪躁动、眼突眼干等症。玫瑰花味甘微苦、性微温，主治胸膈满闷，胃脘、胁肋、乳房胀痛，月经不调，赤白带下，泄泻痢疾，跌打损伤，风痹，痈肿等症。

菊花山楂赤芍饮

材料

红茶包1袋,菊花10克,山楂15克,赤芍10克,砂糖少许

做法

❶ 菊花、山楂、赤芍用水洗净。

❷ 锅洗净,倒入适量清水,烧开后,加入菊花、山楂、赤芍煮10分钟。

❸ 加入红茶包,待红茶入味后,用滤网将茶汁里的药渣滤出,起锅前加入砂糖搅拌均匀即可。

功效解析

本品有降低血压、疏通血管、清肝明目、消食化积的作用,常饮可预防高血压、脑血管硬化、冠心病等病的发生。红茶富含维生素K,具有抗血小板凝集、促进膳食纤维溶解、降血压、降血脂的作用。

红花绿茶饮

材料

红花8克,绿茶3克

做法

❶ 红花、绿茶洗净,备用。

❷ 将红花、绿茶放入杯中,冲入200毫升沸水,加盖闷10分钟即可饮用。

❸ 可反复冲泡至茶味渐淡。

功效解析

本品具有活血化淤、降低血压的功效,适合高血压、动脉硬化以及脑梗死等患者饮用。绿茶对血管系统和心脏具有兴奋作用,可促进血液循环和新陈代谢,还具有促进发汗和利尿的作用。

洋甘菊红花茶

材料

新鲜洋甘菊 10 朵，干燥红花 3 克，干燥菩提 3 克，干燥紫罗兰 2 克

做法

❶ 洋甘菊用热水冲一遍；红花、菩提及紫罗兰用热水浸泡30秒再冲净。

❷ 将洋甘菊、红花、菩提、紫罗兰放入壶中，注入500～600毫升热开水。

❸ 浸泡约3分钟后即可饮用。

功效解析

本品可行气活血、疏肝泻火、增强体质、降压、美容，可用于辅助治疗高血压、冠心病、目赤肿痛、烦躁易怒等症。紫罗兰又名草桂花、四桃克、草紫罗兰等，具有清热解毒、美白祛斑的作用；紫罗兰对支气管炎也有调理功效。

薄荷甘菊茶

材料

新鲜薄荷叶 8 片，新鲜洋甘菊 5 朵，新鲜柠檬马鞭草 2 枝

做法

❶ 将新鲜薄荷叶、洋甘菊、柠檬马鞭草均洗净，用热开水冲一遍，再放入壶中，冲入500毫升热开水。

❷ 浸泡约3分钟后即可饮用。

功效解析

本品具有清肝解毒、清热利咽、活血散淤、利水消肿等功效，对肝火旺盛或肝阳上亢型并伴有血淤的高血压、动脉粥样硬化、冠心病等症有辅助治疗作用。它还具有促进消化、减轻反胃及肠胃胀气、镇静及松弛神经的作用。

蜂蜜绿茶

材料

绿茶 5 克，蜂蜜适量

做法

❶ 将绿茶用清水冲洗干净，放进洗净的杯子中备用。

❷ 往杯子中注入适量沸水冲泡，然后加盖闷 5 分钟左右。

❸ 待水稍凉至35℃左右，加入蜂蜜调匀即可饮用。

功效解析

　　本品具有清热润肠、提神健脑、降压降脂的功效，可用于辅助治疗便秘、神疲困倦、高血压、高脂血症等症。由于绿茶能在短时间内迅速降低人体血糖，所以血糖低的患者应慎用。另外，绿茶富含茶多酚，茶多酚具有很强的抗氧化性和生理活性，是人体自由基的清除剂。

黄柏知母酒

材料

黄柏、知母、龟板各 40 克，黄酒 1000 毫升

做法

❶ 黄柏洗净，炒成褐色；知母洗净，炒约10分钟；龟板洗净，炙酥。

❷ 将黄柏、知母、龟板共研成粗末，入纱布袋中，扎口，浸入黄酒中，封口。

❸ 浸泡15日后，过滤，去渣留液，每日1次，每次10毫升，午饭后饮用。

功效解析

　　本品可清热解毒、滋阴降火、消炎止痛，适合心阴亏虚型心肌炎患者饮用。黄柏具有利胆、利尿、降压、解热等作用。

PART 4

齿颊留香，
尽享味觉盛宴

橙汁冬瓜条

材料

冬瓜 300 克，青椒、红椒、黄椒各 10 克，盐 3 克，橙汁、食用油各适量

做法

① 冬瓜洗净去皮、籽，切条；青椒、红椒、黄椒均去蒂洗净，切条。

② 锅中加水烧开，加盐，放入冬瓜煮熟后，捞出沥干，摆盘。

③ 锅中入食用油烧热，放入青椒、红椒、黄椒爆香后摆盘，将橙汁淋在冬瓜上即可。

清炒刀豆

材料

刀豆、山药、藕、南瓜各 100 克，马蹄 4 个，圣女果、食用油、葱丝、生姜丝、盐各适量

做法

① 刀豆去两头及老筋，洗净；山药、藕、马蹄、南瓜去皮洗净，切片；圣女果洗净，切成两半。

② 锅中入食用油加热，爆香葱丝和姜丝，放入除盐外的其他材料，用大火炒熟，调入盐即可。

孔雀鳜鱼

材料

鳜鱼 1 条，盐 4 克，料酒 5 毫升，蒸鱼豉油、食用油、圣女果、黄瓜片各适量

做法

① 鳜鱼处理干净，鱼身切块，留下头和尾，用盐、料酒腌渍；圣女果洗净，切两半。

② 将鱼块围着鱼头，摆成孔雀开屏状。开水上锅，将鱼用大火蒸 10 钟后取出，浇上蒸鱼豉油。将少许食用油倒入锅中烧热，淋在鱼上，最后装饰圣女果和黄瓜即成。

土豆炒蒜薹

材料

土豆300克,蒜薹200克,盐3克,鸡精2克,蒜5克,酱油、水淀粉、食用油各适量

做法

1. 土豆洗净去皮,切条状;蒜薹洗净,切段;蒜去皮洗净,切末。
2. 锅中入水烧开,放入蒜薹焯水后,沥干。
3. 锅中入食用油烧热,入蒜爆香后,放入土豆、蒜薹一起炒,加盐、鸡精、酱油调味,待熟时用水淀粉勾芡装盘即可。

核桃仁拌韭菜

材料

核桃仁300克,韭菜150克,砂糖10克,白醋3毫升,香油8毫升,食用油、盐各适量

做法

1. 韭菜洗净,焯熟,切长段。
2. 锅内放入食用油,待食用油烧至五成热时,下入核桃仁炸成浅黄色捞出。
3. 在盘中放入韭菜、砂糖、白醋、盐、香油拌匀,和核桃仁一起装盘即成。

西蓝花炒双菇

材料

草菇100克,水发香菇10朵,西蓝花250克,胡萝卜1根,盐、蚝油、砂糖、水淀粉各适量

做法

1. 草菇、香菇、西蓝花洗净撕成小朵;胡萝卜去皮洗净切块。
2. 锅烧热,放入蚝油,再放香菇、胡萝卜、草菇、西蓝花炒匀,加少许清水,加盖焖煮至熟,加盐、砂糖调味,以水淀粉勾芡,炒匀即可。

洋葱炒牛肉丝

材料

洋葱、牛肉各 150 克，生姜丝 3 克，蒜片、葱花各 5 克，料酒、盐、食用油各适量

做法

❶ 牛肉洗净去筋切丝；洋葱洗净切丝。

❷ 将牛肉丝用料酒、盐腌渍。

❸ 锅上火，加食用油烧热，放入牛肉丝快速煸炒，再放入蒜片、生姜丝，待牛肉炒出香味后加盐，放入洋葱丝略炒，盛出后撒上葱花即可。

木香陈皮炒肉片

材料

木香、陈皮各 3 克，猪瘦肉片 200 克，盐 3 克，食用油适量

做法

❶ 先将木香、陈皮分别用清水洗净，陈皮切丝备用。

❷ 在锅内放少许食用油，待食用油烧热后，放入猪瘦肉片炒片刻。

❸ 加适量清水，待熟时放陈皮、木香及盐翻炒几下即可。

拌双耳

材料

黑木耳、银耳各 100 克，青椒、红椒各少许，盐 3 克，味精 1 克，醋 8 毫升

做法

❶ 黑木耳、银耳洗净，泡发；青椒、红椒洗净，切成斜段，用沸水焯一下待用。

❷ 锅内注水烧沸，放入泡发的黑木耳、银耳焯熟后，捞起晾干并装入盘中。

❸ 加入盐、味精、醋拌匀，撒上青椒、红椒即可。

黑木耳上海青

材料

黑木耳 100 克，上海青 200 克，盐 3 克，醋 6 毫升，生抽 10 毫升，香油 12 毫升，胡萝卜片适量

做法

❶ 黑木耳洗净泡发；上海青洗净。

❷ 锅内注水烧沸，放入黑木耳、上海青焯熟后，捞起沥干并装入盘中。

❸ 用盐、醋、生抽、香油一起混合调成汤汁，浇在盘中，摆上胡萝卜片装饰即可。

香菇烧花菜

材料

香菇 50 克，花菜 100 克，鸡汤 200 毫升，盐、生姜、葱、水淀粉、食用油、香油各适量

做法

❶ 花菜洗净，掰块；香菇洗净对切成两半。

❷ 锅入沸水，下入花菜焯至熟透后捞出。

❸ 将食用油烧热后，放入葱、生姜煸出香味，放入盐、鸡汤，烧开后将香菇、花菜分别倒入锅内，用小火烧至入味后，以水淀粉勾芡，淋香油，翻匀即可。

芦荟炒马蹄

材料

芦荟 150 克，马蹄 100 克，枸杞子 5 克，盐、生姜丝、食用油各适量

做法

❶ 芦荟去皮洗净，切条；马蹄去皮洗净，切片；枸杞子洗净。

❷ 芦荟和马蹄分别焯水，沥干待用。

❸ 热锅入食用油，下入生姜丝爆香，再下芦荟、马蹄，炒至断生时加盐调味，最后加入枸杞子，起锅装盘即可。

南瓜百合甜点

材料

南瓜 250 克,鲜百合 250 克,砂糖 10 克,蜂蜜 15 毫升

做法

❶ 南瓜洗净,先对切成两半,去瓤,然后用刀在横截面上切锯齿形状的刀纹。

❷ 鲜百合洗净,逐片削去黄尖,用砂糖拌匀,放入南瓜中部,盛盘,放进锅中蒸煮,煮开后,大火转为小火,蒸约8分钟。

❸ 取出,淋上备好的蜂蜜即可。

功效解析

本品具有防癌抗癌、滋阴利膈的功效,可缓解食管癌患者声音嘶哑、干咳等症状。蜂蜜具有很好的滋养功效,可根据个人口味适量添加。

甘草冰糖炖香蕉

材料

香蕉1根,冰糖5克,甘草适量

做法

❶ 甘草洗净,斜切成片。

❷ 香蕉去皮,切厚片,放入盘中。

❸ 加冰糖、甘草适量,隔水蒸透。

功效解析

本品具有清热、滋阴润燥、润肠通便的功效,适合肠胃积热、阴虚型的便秘患者。香蕉具有清热、解酒、降血压、抗癌之功效,其富含纤维素,可润肠通便,对便秘、痔疮患者大有益处。香蕉还富含钾,能降低人体对钠盐的吸收,有降血压的作用,其所含的维生素 C 是天然的免疫强化剂,可抵抗多种感染。

佛手娃娃菜

材料

娃娃菜 350 克，佛手 10 克，红甜椒 10 克，盐 3 克，味精 2 克，生抽、香油各适量

做法

① 娃娃菜洗净切细条，入水焯熟，捞出沥干水分，装盘；红甜椒洗净，切末。

② 佛手用清水洗干净，放入锅中加水煎汁，取汁备用。

③ 用盐、生抽、味精、香油、佛手汁调成味汁，淋在娃娃菜上，最后撒上红甜椒装饰即可。

功效解析

本品具有防癌抗癌、开胃消食的功效，可缓解胃癌患者食欲不振、胃脘胀痛等症状。娃娃菜富含维生素 A、维生素 C、钾、硒等，常吃有利于预防心血管疾病，并能通肠利胃，促进肠道蠕动，保持大便通畅。它还能健脾利尿，促进吸收，有助于荨麻疹的消退。

小贴士

挑选娃娃菜时，应挑选个头小，手感结实的。如果捏起来松软，有可能是用大白菜冒充的。

韭菜子蒸猪肚

材料

韭菜子9克,猪肚1个,盐、胡椒粉各适量

做法

❶ 先用清水将猪肚洗净,然后把韭菜子放入猪肚内。

❷ 将装有韭菜子的猪肚放入碗中,加入盐、胡椒粉。

❸ 将装有猪肚的碗放进蒸笼内,用大火蒸至烂熟即可。

椰子鸡汤

材料

白芍15克,椰子100克,母鸡肉150克,菜心30克,盐3克,粉丝、枸杞子各适量

做法

❶ 将椰子洗净切块;白芍洗净备用;粉丝泡好备用。

❷ 母鸡肉洗净斩块,汆水;菜心洗净备用。

❸ 煲锅上火倒入水,下入椰子、鸡块、白芍,煲至快熟时,调入盐,下入菜心和粉丝煮熟盛出,最后撒上枸杞子即可。

山药白术羊肚汤

材料

羊肚250克,红枣、枸杞子各15克,山药、白术各10克,盐4克,鸡精2克

做法

❶ 羊肚洗净,切块,汆水;山药洗净,去皮,切块;白术洗净,切段;红枣、枸杞子洗净,浸泡。

❷ 锅中烧水,放入羊肚、山药、白术、红枣、枸杞子,加盖。

❸ 炖2个小时后,调入盐和鸡精即可。

生姜米醋炖冬瓜

材料

生姜5克，白芍5克，冬瓜100克，米醋10毫升

做法

❶ 冬瓜用清水洗净，切块；生姜用清水洗净，切片；白芍用清水洗净，备用。

❷ 将冬瓜、生姜片、白芍一同放入砂锅，加入适量的清水。

❸ 加入米醋，用小火炖至冬瓜熟即可。

当归生姜羊肉汤

材料

当归10克，生姜20克，羊肉100克，盐3克，香油适量

做法

❶ 将羊肉洗净后切成方块；当归洗净备用；生姜洗净切片。

❷ 羊肉入锅，加适量水、当归、生姜同炖至羊肉熟透。

❸ 加入盐调味，淋上香油即可。

粉葛红枣猪骨汤

材料

猪骨200克，粉葛、红枣各适量，盐3克，生姜片少许

做法

❶ 粉葛去皮洗净，切成块；红枣洗净，泡发；猪骨洗净，斩块。

❷ 锅中入水烧开，下猪骨去血水，捞出洗净。

❸ 将粉葛、红枣、猪骨、生姜片放入炖盅，注入清水，大火烧沸后改小火炖煮2个小时，加盐调味即可。

三七郁金炖乌鸡

材料

三七6克，郁金9克，乌鸡肉500克，生姜、葱段各5克，盐3克，蒜10克

做法

❶ 三七洗净，切粒；郁金洗净；乌鸡肉洗净剁块；蒜去皮洗净切片；生姜洗净切片。

❷ 乌鸡块、生姜片、葱段、蒜、三七、郁金一起放入锅中，加适量水炖煮至乌鸡肉熟烂，加盐调味即可。

黄芪猪肝汤

材料

猪肝片200克，黄芪15克，丹参、生地黄各8克，当归、生姜片、米酒、香油、盐各适量

做法

❶ 将当归、黄芪、丹参、生地黄洗净，加3碗水，熬取药汁备用。

❷ 用香油爆香生姜片，放入猪肝片炒至半熟盛起。

❸ 将米酒、药汁倒入锅里煮开，下入猪肝片煮10分钟，加盐调味即可。

佛手延胡索猪肝汤

材料

佛手、延胡索各9克，猪肝100克，盐3克，制香附6克，鸡精2克，生姜丝适量

做法

❶ 猪肝洗净，切片备用。

❷ 将佛手、延胡索、制香附洗净，放入锅中，加适量水煮沸，再用小火煮15分钟左右，去渣留汤。

❸ 在汤中加入猪肝片、生姜丝，放盐、鸡精调味，熟后即可食用。

白芍山药鸡汤

材料

莲子、山药各 50 克，鸡肉 40 克，白芍 10 克，枸杞子 5 克，盐 3 克

做法

❶ 山药去皮，洗净切块；莲子、白芍及枸杞子洗净，备用。

❷ 鸡肉洗净，入沸水中汆去血水。

❸ 锅中加入适量水，将山药、白芍、莲子、鸡肉放入；水沸腾后，转中火煮至鸡肉熟烂，加枸杞子、盐调味即可。

姜韭牛奶

材料

韭菜 250 克，牛奶 250 毫升，生姜 25 克

做法

❶ 将生姜、韭菜分别用清水洗净，然后将生姜切碎、韭菜切段备用。

❷ 将生姜、韭菜一同放锅中，加少量的清水大火煮开。

❸ 再倒入牛奶，煮沸即可。

柴胡白菜汤

材料

柴胡 15 克，白菜心 200 克，盐 3 克，味精 2 克，香油适量

做法

❶ 将白菜心洗净，对切成两半；柴胡洗净，备用。

❷ 在锅中放水，放入白菜、柴胡，用小火煮 10 分钟后，捞出柴胡。

❸ 出锅时放入盐、味精，淋上香油即可。

海带排骨汤

材料

排骨 180 克，海带 4 条，味精 1 克，鸡精 1 克，盐 2 克

做法

❶ 将排骨用清水洗净，斩成小块；海带泡发后，洗净备用。

❷ 将排骨、海带放入炖盅内，加入少许水，放入蒸笼蒸 2 个小时左右。

❸ 最后放入盐、鸡精、味精调味即可。

功效解析

海带具有清热、消肿、化痰软坚的功效，适合痰湿凝滞型的胃癌患者。排骨中含有优质的蛋白质、脂肪、维生素，可以治疗贫血，提高人体的免疫力。

灵芝茅根猪蹄汤

材料

猪蹄 1 只，黄瓜 35 克，灵芝 8 克，金银花、白茅根各 10 克，盐 4 克

做法

❶ 将猪蹄洗净，切块，余水；黄瓜洗净，切滚刀块；灵芝洗净，备用。

❷ 金银花、白茅根洗净，装入纱布袋中，扎紧袋口。

❸ 锅上火倒入水，下入猪蹄、药袋，放入盐、灵芝烧开，煲至快熟时，下入黄瓜稍煮片刻即可。

功效解析

本品可清热解毒、消炎抗癌，适合直肠癌、膀胱癌等患者食用。白茅根味甘性寒，对清除肺、胃之热具有很好的功效。

山药五宝甜汤

材料

山药 200 克，莲子 150 克，百合 10 克，银耳 15 克，桂圆肉 15 克，红枣 8 颗，冰糖 80 克

做法

1. 山药削皮，洗净，切段；银耳泡发，去蒂，切小朵；莲子淘净；百合用清水泡发；桂圆肉、红枣洗净。
2. 将冰糖外的所有材料放入煲中，加清水适量，中火煲45分钟后放入冰糖，再以小火煮至冰糖完全溶化即可。

功效解析

本品可健脾养血、滋阴益胃，对胃阴亏虚、胃有灼热感的胃炎患者有较好的疗效。莲子性味甘平，具有补脾止泻、益肾固精、养心安神等功效。

小贴士

挑选干莲子时，要闻莲子的香味，好的莲子是清香无异味的；再看莲子的颜色，干莲子颜色呈淡黄，而不是纯白色，这样的莲子品质才较好。

木瓜牛奶

材料

木瓜 200 克，牛奶 300 毫升，蜂蜜少许

做法

❶ 将木瓜用清水洗净，削去外皮，去籽，切成小块备用。

❷ 将切好的木瓜放进碗中。

❸ 加入牛奶搅拌均匀。

❹ 最后淋上蜂蜜即可。

冬瓜赤小豆汤

材料

冬瓜200克，赤小豆100克，盐3克，鸡精2克，香油、食用油各适量

做法

❶ 冬瓜去皮洗净，切块；赤小豆泡发洗净。

❷ 锅中入水烧开，放入赤小豆煮至八成熟，捞出沥干水分备用。

❸ 锅中下食用油烧热，放入冬瓜略炒，加入适量清水，放入赤小豆，加盐、鸡精调味，煮熟后淋上香油装盘即可。

黄连杏仁汤

材料

黄连 8 克，杏仁 20 克，白萝卜 500 克，盐适量

做法

❶ 黄连洗净；杏仁浸泡，去皮；白萝卜洗净，去皮、切块。

❷ 白萝卜与杏仁、黄连一起放入碗中，移入蒸锅中，隔水炖。

❸ 待白萝卜炖熟后，调入盐即可。

白菜海带豆腐汤

材料

白菜 200 克，海带结、豆腐各 60 克，盐、枸杞子各少许

做法

❶ 将白菜洗净撕成小块；海带结洗净；豆腐洗净切块。

❷ 炒锅上火，加入适量水，下入白菜、豆腐、海带结，调入盐，煲熟后撒上枸杞子即可。

补骨脂芡实鸭汤

材料

鸭肉 300 克，补骨脂 10 克，芡实 20 克，盐适量

做法

❶ 鸭肉洗净，剁块，放入沸水中汆尽血水，捞出；芡实、补骨脂洗净。

❷ 将芡实、补骨脂、鸭肉一起放入锅中，加水略盖过所有的材料。

❸ 用大火将汤煮开，转用小火续炖约30分钟，加入盐即可。

生地黄乌鸡汤

材料

生地黄、牡丹皮各 10 克，红枣 6 颗，午餐肉 100 克，乌鸡 1 只，盐 3 克，味精 2 克，料酒 5 毫升，生姜、骨头汤各适量

做法

❶ 将生地黄洗净，切成薄片；红枣、牡丹皮洗净；午餐肉切片。

❷ 乌鸡切成方块，入开水中汆去血水。

❸ 将骨头汤倒入净锅中，放入其余所有材料，炖至鸡肉熟烂即可。

荷叶牛肚汤

材料

牛肚 1000 克，鲜荷叶半张，白术、黄芪、升麻、神曲各 10 克，盐 5 克，胡椒粉 4 克，生姜、桂皮各适量，黄酒 10 毫升，醋 8 毫升

做法

❶ 牛肚用盐、醋反复搓洗干净；将鲜荷叶垫于锅底，放入牛肚、白术、黄芪、升麻、神曲，加水大火烧沸，转中火炖 30 分钟，将牛肚取出切小块后复入砂锅，加黄酒和桂皮小火煨 2 个小时。

❷ 加盐、生姜、胡椒粉，续煨至牛肚烂即可。

功效解析

本品可益气健脾、升阳举陷，适合脾胃气虚的患者食用。牛肚含有蛋白质、钙、磷、铁、维生素 B_1、维生素 B_2 等，具有补益脾胃、补气养血、补虚益精的功效。

山楂肉丁汤

材料

山楂 15 克，陈皮、枳壳各 10 克，猪瘦肉 100 克，盐适量

做法

❶ 猪瘦肉洗净，切片，用盐腌渍待用；陈皮、枳壳洗净备用。

❷ 山楂、陈皮、枳壳入锅，加水煮 30 分钟。

❸ 下入猪肉片，煮至熟，调入盐即可。

功效解析

本品具有疏肝理气、健脾和中、消食化积的功效，可有效减轻胃肠负担，缓解胃下垂症状。山楂还含有一种叫牡荆素的化合物，具有抗癌的作用；山楂可以显著降低血清胆固醇及甘油三酯含量，有效防治动脉硬化。

参片莲子汤

材料

莲子 40 克，人参片、红枣、冰糖各 10 克

做法

❶ 红枣洗净、去籽，用水泡发30分钟；莲子洗净，泡发备用。

❷ 莲子、红枣、人参片放入炖盅，加水至盖满材料（约10分钟），移入蒸笼内，转中火蒸煮1个小时。

❸ 加入冰糖续蒸20分钟，取出即可食用。

功效解析

　　本品具有健脾和胃的功效，适合中气下陷的胃下垂患者。莲子具有健脾补胃、涩肠止泻、安神明目、固精止遗的作用，适合中气下陷的胃下垂患者食用。莲子还常用来治疗心烦失眠、脾虚久泻、久痢、腰疼、男性遗精、女性赤白带下，还可预防早产、流产、孕妇腰酸等症。

沙参泥鳅汤

材料

泥鳅 250 克，猪瘦肉 100 克，沙参 20 克，北芪 10 克，红枣 3 颗，盐、食用油各适量

做法

❶ 泥鳅焯烫，洗净黏液；猪瘦肉洗净切片。

❷ 油锅烧热，放入泥鳅煎至金黄色，捞起。

❸ 将剩下的材料分别洗净；红枣泡发备用。

❹ 瓦煲内入水，煮沸后加入盐除外的所有材料，大火煲滚，改小火煲2个小时，加盐调味即可。

功效解析

　　泥鳅有疗痔、补中益气、强精补血的功效，对气血两虚等型的痔疮患者有一定的疗效；泥鳅还可暖脾胃、止虚汗。

西洋参甲鱼汤

材料

西洋参 10 克，无花果 20 克，甲鱼 500 克，红枣 3 颗，生姜 5 克，盐 5 克

做法

❶ 将甲鱼放入锅内，加热至水沸；西洋参洗净；无花果洗净；红枣洗净。

❷ 将甲鱼捞出除去表皮，去内脏，洗净斩件，飞水。

❸ 将适量水放入瓦煲内，煮沸后加入盐除外的所有材料，小火煲3个小时，加盐调味。

猪肠莲子枸杞汤

材料

猪肠 150 克，枸杞子、党参、红枣各 15 克，盐 3 克，鸡爪、莲子、葱段各适量

做法

❶ 猪肠切段，洗净；鸡爪、红枣、枸杞子、党参均洗净；莲子去莲心，洗净。

❷ 锅中注水烧开，下入猪肠氽透，捞出。

❸ 将猪肠、鸡爪、红枣、枸杞子、党参、莲子放入瓦煲，大火烧开后改小火炖煮2个小时，加盐调味，撒上葱段即可。

芥菜青鱼汤

材料

青鱼 1 条，芥菜 200 克，生姜 10 克，香油 5 毫升，胡椒粒、葱、盐、鸡精、食用油各适量

做法

❶ 青鱼处理干净，切块；生姜去皮，切片；芥菜洗净，切片；葱洗净，切花。

❷ 热锅入食用油，加入生姜片、鱼块煎熟。

❸ 另起锅加入清水、胡椒粒，待汤煮沸，放入芥菜和鱼一起熬煮，至芥菜熟烂，调入盐、鸡精，撒上葱花，淋上香油即可。

鱼肚甜汤

材料

赤小豆100克，鱼肚200克，砂糖10克，银耳适量

做法

❶ 将鱼肚洗净；银耳泡发，洗净备用。

❷ 赤小豆洗净，备用。

❸ 将鱼肚、赤小豆、砂糖、银耳一同放在砂锅内，加适量清水，先用大火煮开，转中火炖至食材熟烂即可。

豆浆炖羊肉

材料

羊肉500克，山药200克，豆浆500毫升，香油10毫升，盐3克，生姜、葱丝各少许

做法

❶ 将山药去皮洗净切片；羊肉洗净切成片。

❷ 将山药、羊肉和豆浆一起倒入锅中，加清水适量，再加入香油、生姜，上火炖2个小时左右。

❸ 再调入盐，撒上葱丝即可。

北沙参芥菜汤

材料

北沙参15克，猪肉300克，芥菜100克，葱20克，盐3克，酱油、香油、食用油各适量

做法

❶ 猪肉洗净切片；葱洗净切段；芥菜洗净切段；北沙参洗净切片。

❷ 锅中加食用油烧热，放入猪肉炒香，加水煮开，加入芥菜、北沙参、葱段，小火煮半个小时至熟。

❸ 调入盐、酱油调味，淋上香油即可。

白豆蔻草果羊肉汤

材料
羊肉 500 克，草果、白豆蔻各 10 克，盐 3 克，味精 2 克

做法
❶ 将羊肉洗净备用；将白豆蔻洗净，放入炖锅内，加适量水，先用大火烧沸，转小火煮熟即可。
❷ 将羊肉、草果放入炖锅内，加适量水，以大火熬煮，然后捞起，再将汤与白豆蔻合并，用小火炖煮熟透。
❸ 将羊肉切成3厘米见方的小块，与草果一起放入白豆蔻汤内，最后加盐、味精调味即可。

功效解析
　　本品具有散寒、利湿、健胃的功效，适合寒湿型的急性肠炎患者食用。

山药核桃羊肉汤

材料
羊肉 300 克，山药、核桃各适量，枸杞子 10 克，盐 3 克，鸡精 2 克

做法
❶ 羊肉洗净、切件，汆水；山药洗净，去皮切块；核桃取仁洗净；枸杞子洗净。
❷ 锅中放入羊肉、山药、核桃仁、枸杞子，加入清水，小火慢炖至核桃仁变得酥软之后，关火，加入盐和鸡精调味即可。

功效解析
　　本品具有温胃散寒、益气健脾的功效，适合脾胃虚寒型的胃及十二指肠溃疡患者。羊肉可温胃散寒、益气补虚，还可增加消化酶的分泌，从而保护胃壁，帮助消化。

金针菇鱼头汤

材料

鱼头1个，金针菇150克，生姜、葱各5克，高汤1000毫升，味精1克，盐3克，鸡精2克，红椒片、食用油各适量

做法

1 鱼头洗净去鳃，对切；金针菇洗净，切去根部；葱洗净切成葱圈；生姜洗净切片。

2 锅中入食用油烧热，下鱼头、生姜片，用高油温煎黄。

3 另起锅下入高汤，加入鱼头、金针菇，煮至汤汁变成奶白色时，加入盐、味精、鸡精稍煮，撒上葱圈、红椒片、生姜片即可。

功效解析

本品具有补肝益气、补益胃肠的功效，适合急性胃炎等胃肠道炎症患者。金针菇具有补肝、益肠胃、抗癌之功效，对肝病、胃肠道炎症、溃疡、肿瘤等病症有食疗作用；金针菇含锌较高，对预防男性前列腺疾病较有益处。

小贴士

高汤可以很好地引发食材的鲜味，制作时最好选用鱼高汤，如果没有的话，可以用浓汤宝代替，也可以直接用清水，通过延长炖制的时间来提升汤的浓度和鲜味。

五香毛豆

材料

毛豆 350 克，干辣椒 50 克，八角 5 克，盐 3 克，鸡精 2 克，食用油适量

做法

① 将毛豆洗净，放入开水锅中煮熟，捞出沥干待用；干辣椒洗净，切段；八角洗净，沥干。

② 锅置火上，注入食用油烧热，下入干辣椒和八角爆香，再加入毛豆翻炒均匀。

③ 加入盐和鸡精调味，装盘即可。

功效解析

　　毛豆富含膳食纤维和植物性蛋白质，可以促进胃肠蠕动，有预防便秘的功能。它还含有丰富的不饱和脂肪酸，能预防高脂血症、动脉硬化等。

无花果煎鸡肝

材料

鸡肝 3 副，无花果、砂糖、食用油各少许

做法

① 鸡肝洗净，入沸水中氽烫，捞起沥干。

② 将无花果洗净。

③ 平底锅加热，入食用油烧热，加入鸡肝、无花果一同爆炒，炒熟盛盘备用。

④ 另起锅，加砂糖和适量水煮至溶化，将糖液淋至鸡肝上调味即可。

功效解析

　　本品具有滋阴、健胃、增强免疫力的功效，适合胃癌患者，尤其适合胃热伤阴型的胃癌患者。无花果有健胃、润肠、利咽、防癌、滋阴、催乳的功效。口服无花果液，能提高细胞的活力，提高人体免疫功能，具有抗衰防老、减轻癌症患者化疗毒副作用的功效。

田螺墨鱼骨汤

材料

大田螺 200 克,猪肉 100 克,墨鱼骨 20 克,浙贝母 10 克,蜂蜜适量

做法

❶ 墨鱼骨、浙贝母用清水洗净备用。

❷ 大田螺取肉洗净;猪肉洗净切片,与田螺肉同放于砂锅中,注入清水500毫升,煮成浓汁。

❸ 然后将墨鱼骨和浙贝母加入浓汁中,再用小火煮至肉质熟烂,调入蜂蜜即可。

功效解析

　　墨鱼具有抑制胃酸分泌、收敛止血的功效,对消化性溃疡出血有很好的食疗效果。此外,墨鱼还有补益精气、健脾利水、养血滋阴、温经通络、美肤乌发的功效。

白菜老鸭汤

材料

老鸭肉 200 克,白菜 100 克,生姜、枸杞子各 15 克,盐、鸡精各 2 克

做法

❶ 老鸭洗净,切块,汆烫;白菜洗净,切段;生姜洗净,切片;枸杞子洗净。

❷ 锅中注水,烧沸后放入老鸭肉、生姜片、枸杞子以小火炖1.5个小时。

❸ 放入白菜,大火炖30分钟后,调入盐、鸡精即可食用。

功效解析

　　鸭肉具有养胃滋阴、清肺解热、大补虚劳、利水消肿之功效,适合脾胃气虚、肝胃郁热以及胃阴亏虚型的慢性胃炎患者食用。鸭肉还可用于治疗浮肿、小便不利等症。

神曲粥

材料

神曲、炒谷芽各15克，大米100克，生姜片、盐各适量

做法

❶ 将神曲、炒谷芽加水煎煮半个小时左右，去渣取汁备用。

❷ 放入洗净的大米和生姜片，煮成粥，再加入盐调味即可。

❸ 一日服两次。

莪术粥

材料

鱼腥草30克，知母15克，莪术9克，三棱9克，大米100克

做法

❶ 将鱼腥草、知母、莪术、三棱分别用清水洗净，沥干备用。

❷ 鱼腥草、知母、莪术、三棱用纱布包好。

❷ 入锅中，加适量的水煎煮，去渣取汁。

❸ 加入洗净的大米煮成粥即可。

黄芪红糖粥

材料

黄芪15克，当归15克，白芍15克，红糖适量，大米100克

做法

❶ 将黄芪、当归、白芍洗净，黄芪、当归一起装入纱布袋，同白芍入锅，煎煮15分钟后捞出纱布袋。

❷ 再放入淘洗过的大米煮粥。

❸ 快熟烂时，加入适量红糖继续煮熟即可。

赤小豆薏米粥

材料

赤小豆50克，薏米30克，砂糖适量

做法

❶ 赤小豆洗净，用清水浸泡20分钟；薏米放水中浸泡使米心软化。

❷ 赤小豆、薏米放入锅内，加适量水烧沸，转用小火煮至赤小豆开花。

❸ 继续煮熟成粥，加砂糖调味即可。

山药白扁豆粥

材料

白扁豆30克，大米200克，山药10克，葱花5克，盐3克

做法

❶ 将白扁豆用清水洗净泡发；山药去皮，用清水洗净切片备用。

❷ 白扁豆、山药入锅，加水先煲30分钟。

❸ 再加入大米和适量水煲至成粥。

❹ 调入盐，煲至入味，撒上葱花即可。

乌药红花粥

材料

乌药、当归、北沙参各10克，白芍、生地黄各8克，川芎6克，红花5克，大米100克

做法

❶ 将乌药、当归、北沙参、白芍、生地黄、川芎、红花洗净，放入布袋内，先大火煮开，再用小火煎取药汁。

❷ 再取药渣煎一次，合两次药汁为一。

❸ 加入洗净的大米，煮成粥即可。

泽泻枸杞粥

材料

泽泻丝、枸杞子各适量，大米 80 克，盐 1 克

做法

1. 大米泡发洗净；枸杞子洗净；泽泻丝洗净，取部分加水煮好，取汁待用。
2. 锅置火上，加入适量清水，放入大米、枸杞子以大火煮开。
3. 再倒入熬煮好的泽泻汁，以小火煮至浓稠状，调入盐，撒上剩余泽泻即可。

功效解析

　　此粥具有利小便、清胃热、降脂瘦身的功效，适合脂肪肝、小便不畅、肥胖等患者食用。枸杞子虽然具有很好的滋补和治疗作用，但不是所有的人都可以服用，由于它温热身体的效果相当强，正在感冒发热、身体有炎症者最好不要食用。

五仁粥

材料

花生仁、核桃仁、杏仁各 20 克，郁李仁、火麻仁各 10 克，绿豆 30 克，小米 70 克，砂糖 4 克

做法

1. 小米、绿豆均泡发洗净；花生仁、核桃仁、杏仁均洗净。
2. 锅置火上，加入适量清水，放入除砂糖以外的所有材料，开大火煮开。
3. 再转中火煮至粥呈浓稠状，调入砂糖拌匀即可。

功效解析

　　此粥有润肠通便、清热泻火的功效，适合便秘患者食用。绿豆性凉、味甘，具有清热解毒、消暑除烦、止渴健胃等功效。

莱菔子粥

材料
莱菔子适量，大米 100 克，盐、葱花各适量

做法
❶ 大米洗净，置于冷水中浸泡半个小时，捞出沥干水分；莱菔子洗净。

❷ 锅置火上，倒入清水，放入大米，以大火煮至米粒开花。

❸ 加入莱菔子同煮至浓稠状，撒上葱花，调入盐拌匀即可。

功效解析
　　此粥可消食除胀、降气化痰，可缓解食管癌患者食入即吐、饭后食管有堵塞感的症状。莱菔子具有消食除胀、降气化痰的功效，主治食积气滞、脘腹胀满、嗳气、咳嗽痰多、喘促胸满等症。

沙参竹叶粥

材料
沙参、竹叶各 5 克，大米 100 克，砂糖 10 克，香菜适量

做法
❶ 竹叶冲净，放入锅中，加一碗水熬至半碗，去渣待用；沙参洗净；大米用清水泡发，洗净。

❷ 锅置火上，注水后，放入大米用大火煮至米粒绽开。

❸ 倒入熬好的竹叶汁，放入沙参，改用小火煮至粥成，放入砂糖调味，撒上香菜即可。

功效解析
　　此粥具有滋阴益胃、润肺止咳的功效，可缓解食管癌患者咽干的症状。沙参常用于口渴舌干、食欲不振等症，多与生地黄、石斛、麦冬等搭配，可清热养胃生津。

枣参茯苓粥

材料

白茯苓 20 克，人参、红枣各 10 克，大米 100 克，砂糖 8 克

做法

❶ 大米泡发，洗净；人参洗净，切小块；白茯苓洗净；红枣去核洗净，切开。

❷ 锅置火上，注入清水后，放入大米，用大火煮至米粒开花，放入人参、白茯苓、红枣同煮。

❸ 改用小火煮至粥浓稠闻见香味时，放入砂糖调味即可。

功效解析

　　此粥益脾和胃、益气补虚，适合脾胃气虚引起内脏下垂的患者食用。红枣具有补中益气的功效，与党参、白术共用，可以达到健脾养胃、增进食欲、止泻的功效。

白术猪肚粥

材料

白术 20 克，升麻 10 克，猪肚 100 克，大米 80 克，盐 3 克，鸡精 2 克，葱花 5 克

做法

❶ 大米淘净，浸泡，捞起沥干水分；猪肚洗净，切成细条；白术、升麻洗净。

❷ 大米入锅，加入适量清水，以大火烧沸，下入猪肚、白术、升麻，转中火熬煮。

❸ 待米粒开花，改小火熬煮至粥浓稠，加盐、鸡精调味，撒上葱花即可。

功效解析

　　此粥有补脾益气、升阳举陷的功效，适用于脾胃虚弱、内脏下垂患者。白术具有健脾益气、燥湿利水的作用，可以有效地调节肠胃功能。

猪苓垂盆草粥

材料
垂盆草 30 克，猪苓 10 克，大米 30 克，冰糖 15 克

做法
❶ 将垂盆草、猪苓洗净，加水煎煮10分钟左右，捞出垂盆草、猪苓。
❷ 取药汁与淘洗干净的大米一同煮成稀粥。
❸ 最后加入冰糖调味即成。

功效解析
　　本品具有利湿退黄、清热解毒的功效，对病毒性肝炎、黄疸、肝功能异常、肝硬化腹水等症有食疗作用。大米米糠层的粗纤维分子能帮助胃肠蠕动，对胃病、便秘、痔疮等症有很好的疗效；大米中的蛋白质、脂肪、维生素含量都很高。

玉米车前子粥

材料
玉米粒 80 克，车前子适量，大米 120 克，盐 2 克

做法
❶ 玉米粒和大米一起泡发，洗净；车前子洗净，捞起沥干水分。
❷ 锅置火上，加入玉米粒和大米，再倒入适量清水烧开。
❸ 放入车前子同煮至粥呈糊状，调入盐拌匀即可。

功效解析
　　此粥具有清胃热、益脾胃的功效，同样适合肝硬化腹水、胆结石、胆囊炎、水肿、尿路结石等症的患者食用。玉米中的维生素含量非常高，是稻米、小麦的 5 ~ 10 倍，具有和中开胃、清湿热、利肝胆的神奇功效。

黄连白头翁粥

材料

黄连、肉豆蔻各10克，白头翁50克，大米30克

做法

❶ 将黄连、肉豆蔻、白头翁洗净，入砂锅，煎水，去渣取汁；大米洗净，泡发。

❷ 另起锅，加清水400毫升，放入大米煮至米粒开花。

❸ 加入药汁，煮成粥即可。

功效解析

　　本品具有健脾养胃、止泻止痢的功效，适合湿热型肠炎腹泻、痢疾等患者食用。大米富含蛋白质、脂肪、维生素，米糠层具有粗纤维分子，能帮助胃肠蠕动，对胃病、便秘、痔疮等症有较好的疗效。

牛蒡槐花粥

材料

大米80克，牛蒡15克，槐花、槐米、砂糖、红椒末各适量

做法

❶ 大米洗净，置于冷水中泡发半个小时捞出沥干水分；槐花、牛蒡洗净，装入纱布袋，下入锅中，加适量水熬取汁备用。

❷ 锅置火上，倒入清水，放入大米，以大火煮至米粒开花。

❸ 加入槐花牛蒡汁煮至浓稠状，调入砂糖拌匀，撒上槐米、红椒末装饰即可。

功效解析

　　此粥可清热润肠、益气养胃，适合痔疮出血、便血等出血患者食用。槐花清热凉血，能润肠通便，对大肠癌患者引起的便血，以及肿瘤手术后便血等症，具有一定的疗效。

薏米诃子粥

材料

薏米、南杏仁各 50 克，诃子、菱角各 10 克，大米 120 克，砂糖 3 克，葱 8 克

做法

① 大米、薏米均泡发洗净；南杏仁洗净；葱洗净，切花。

② 锅置火上，倒入清水，放入大米、薏米，以大火煮至米粒开花。

③ 加入南杏仁、诃子、菱角煮至浓稠状，调入砂糖拌匀，撒上葱花即可。

功效解析

　　此粥可清热解毒、益气和胃，对食管癌患者有一定的食疗作用。薏米的主要成分是蛋白质、B 族维生素，有使皮肤光滑、减少皱纹、消除色素斑点的功效，并且它能促进体内血液和水分的新陈代谢，有利尿、消肿的作用。

莲子糯米羹

材料

糯米 100 克，红枣 10 颗，莲子 50 克，冰糖适量

做法

① 莲子洗净、去莲心；糯米淘净，加 6 杯水以大火煮开，转小火慢煮 20 分钟。

② 红枣洗净，与莲子一起加入已煮开的糯米中续煮 20 分钟。

③ 等莲子熟软，加冰糖调味即可。

功效解析

　　本品具有健脾止泻、涩肠止痢的功效，适合痢疾、腹泻恢复期的患者食用。莲子和红枣具有补益气血、养心安神、健脾补肾的功效，同时还能降低血压和胆固醇。

甘草金银花茶

材料

金银花 15 克，蒜 10 克，甘草 3 克

做法

❶ 将蒜去皮，洗净，捣烂呈泥状；金银花、甘草分别用清水洗净。

❷ 蒜泥、金银花、甘草一起放入锅里，加适量清水，大火煮沸。

❸ 煮约20分钟，倒入杯中，放凉后即可饮用。

大黄蜂蜜茶

材料

大黄 10 克，番泻叶 10 克，蜂蜜 20 毫升

做法

❶ 番泻叶洗净，备用。

❷ 大黄用清水洗净，放入锅中，加适量水煎煮半个小时。

❸ 熄火后，加番泻叶、蜂蜜，然后加盖闷10分钟左右，取汁即可。

麦芽乌梅饮

材料

神曲 10 克，炒麦芽 15 克，乌梅 2 粒，冰糖 20 克

做法

❶ 将神曲、乌梅、炒麦芽分别用清水洗净，备用。

❷ 将神曲、乌梅、炒麦芽放入锅内，加水1000毫升，大火煮沸后转小火续煮20分钟。

❸ 滤渣加入冰糖调味即可。

生地黄绿茶饮

材料

绿茶 6 克，生地黄 5 克，冰糖适量

做法

① 将绿茶、生地黄用清水洗净，放入保温杯。

② 先冲入沸水，第一遍水用来冲洗茶叶，约1分钟后将水倒掉。

③ 再冲沸水，泡20分钟后即可饮用。喜欢甜味的，可以加入适量冰糖调味。

半夏厚朴茶

材料

半夏 5 克，厚朴 4 克，冰糖适量

做法

① 将半夏和厚朴分别洗净。

② 砂锅内加水适量，下入半夏和厚朴熬煮成药汁，即可饮用。

③ 本品具有稍许的中药味，可根据个人口味适当添加冰糖调味，可以遮盖药味。

火麻仁绿茶

材料

火麻仁 20 克，绿茶 2 克，蜂蜜 20 毫升

做法

① 将火麻仁洗净备用。

② 锅内加入适量的清水，放入火麻仁、绿茶，用大火烧开熬煮。

③ 大约煮10分钟，待熬出药味后即可加入蜂蜜，调匀即可饮用。

栀子菊花茶

材料
栀子 8 克，枸杞子 5 克，菊花适量

做法
1. 先将枸杞子、栀子、菊花洗净备用。
2. 将枸杞子、栀子与菊花同时加入杯中，加沸水冲泡，盖上盖闷。
3. 待10分钟后即可饮用。

功效解析
　　本品具有清热泻火、调和肝胃的功效，适合肝胃郁热型的慢性胃炎患者饮用。栀子具有泻火除烦、清热利湿、凉血解毒等功效，适用于肝胃郁热型慢性胃炎患者，常用于治疗热病虚烦不眠、胃热呕吐、黄疸、淋病、消渴、目赤、咽痛、吐血、衄血、血痢、尿血、热毒疮疡、扭伤肿痛等病症。

三味药茶

材料
桂枝片 10 克，吴茱萸、葱白（连须）各 15 克

做法
1. 将吴茱萸、桂枝片、葱白分别用清水洗净，备用。
2. 将葱白、吴茱萸、桂枝片放入杯中，冲入适量沸水，泡约15分钟，去渣即可饮用。

功效解析
　　本品具有温胃散寒的功效，适合寒邪客胃型的急性胃炎患者饮用。吴茱萸具有温中散寒、和胃止痛、理气燥湿的功效，对寒邪客胃的急性胃炎患者有较好的治疗作用，临床上常用来治疗呕逆吞酸、厥阴头痛、脘腹胀痛、经行腹痛、五更泄泻、高血压、疝气、口腔溃疡、牙痛、湿疹等症。

麦芽槐花茶

材料

炒麦芽 30 克，槐花、牡丹皮各 10 克，玄参、白芍各 8 克

做法

❶ 将所有的药材洗净，备用。

❷ 锅中加入炒麦芽，加水700毫升，大火煮开后转小火煮15分钟，再加入槐花、牡丹皮、玄参、白芍，小火煮15分钟即可。

❸ 去渣取汁，倒入杯中，撒上槐花装饰即可。

功效解析

　　本品具有健胃消食、凉血滋阴、止血止痛的功效，对胃及十二指肠溃疡出血、消化不良等症有一定的疗效。麦芽具有很好的助消化作用，麦芽煎剂对胃酸与胃蛋白酶的分泌有轻度促进作用。

山楂薏米荷叶茶

材料

山楂、荷叶各 10 克，薏米 30 克，砂糖适量

做法

❶ 山楂、荷叶洗净；薏米洗净后，用温水浸泡30分钟。

❷ 将薏米放入锅中煮熟，再放入山楂、荷叶，煮5分钟即可关火。

❸ 加入砂糖调匀即可饮用。

功效解析

　　此茶具有清热利水、健脾养胃的功效，同样适合慢性病毒性肝硬化、尿路感染的患者饮用。荷叶性味苦涩，具有清暑利湿、升发清阳、凉血止血等功效，另有研究表明，荷叶中的生物碱还有降血脂的作用。

荔枝桂圆汁

材料

新鲜荔枝 200 克，干桂圆肉 50 克，鲜奶 200
毫升

做法

❶ 将荔枝去壳、去核备用。

❷ 将干桂圆肉用清水洗净，再用少量开水泡
10分钟，果肉变软后捞出。

❸ 将荔枝肉、泡好的桂圆肉一起放入榨汁机
中，搅打均匀，最后再加入鲜奶，搅拌均
匀后即可饮用。

功效解析

　　本品具有温胃散寒、健脾益气的功效，适
合寒邪客胃型的急性胃炎患者，长期饮用具有
很好的保健作用。鲜荔枝能生津止渴、和胃降
逆；干荔枝有补肝肾、健脾胃、益气血的功效。

荔枝柠檬汁

材料

干荔枝肉 100 克，柠檬 1/4 个，蜂蜜适量

做法

❶ 将干荔枝肉泡软，备用；柠檬同样用清水
洗净，切块备用。

❷ 将准备好的荔枝、柠檬一起放入榨汁机
中，再放入冷开水，榨成汁，最后加入适
量的蜂蜜调味即可饮用。

功效解析

　　本品具有益气健脾、温胃散寒的功效，适
合脾胃气虚、脾胃虚寒型的慢性胃炎患者饮用。
干荔枝有补肝肾、健脾胃、益气血的功效，还
可缓解虚寒型胃痛、呕吐等症。